交互设计
设计思维与实践
Interaction Design Thinking and Practice

由 芳　王建民　肖静如　编著

U0299496

电子工业出版社
Publishing House of Electronics Industry
北京·BEIJING

内 容 简 介

本书以交互设计的理论方法为主线，建立正确的认识论和方法论，通过六个步骤从三个角度介绍交互设计的流程和思维方法。六个步骤主要涵盖市场调研与设计研究、用户研究、商业模型与概念设计、信息架构与设计实现、设计评估与用户测试、系统开发与运营跟踪。

本书也涉及一些交互设计在商业中的应用。学习交互设计的目的不仅是成为专业的交互设计师，更需要通过掌握相关的技能将交互设计的理念融于工作中。

本书可作为设计学专业中交互设计、用户研究、可用性测试等相关课程的专业教材。读者对象主要包括专注于数字产品设计和用户体验的交互设计师、用户界面设计师、项目经理、可用性测试工程师以及交互设计和用户体验等相关方向的学生。

图书在版编目（CIP）数据

交互设计：设计思维与实践/由芳等编著. —北京：电子工业出版社，2017.1

ISBN 978-7-121-30434-7

Ⅰ. ①交… Ⅱ. ①由… Ⅲ. ①人-机系统－系统设计 Ⅳ. ①TP11

中国版本图书馆 CIP 数据核字（2016）第 284509 号

责任编辑：曲　昕（quxin@phei.com.cn）　　特约编辑：张传福

印　　刷：北京虎彩文化传播有限公司

装　　订：北京虎彩文化传播有限公司

出版发行：电子工业出版社

　　　　　北京市海淀区万寿路 173 信箱　　邮编　100036

开　　本：787×1 092　1/16　印张：17.5　字数：371 千字

版　　次：2017 年 1 月第 1 版

印　　次：2024 年 7 月第12次印刷

定　　价：69.00 元

凡所购买电子工业出版社图书有缺损问题，请向购买书店调换。若书店售缺，请与本社发行部联系，联系及邮购电话：（010）88254888，88258888。

质量投诉请发邮件至 zlts@phei.com.cn，盗版侵权举报请发邮件至 dbqq@phei.com.cn。

本书咨询联系方式：（010）88254468。

前　言

"交互设计"这个术语对我们来说已经越来越不陌生了。早在 1984 年的一次设计会议上，它就由 IDEO 的一位创始人比尔·摩格理吉（Bill Moggridge）提出了。交互设计是关于数字产品、环境、系统和服务的交互行为，以及传达这种行为的外形元素的设计与定义。与主要关注产品的形式和外观的传统设计学科不同，交互设计首先关注的是传统设计不太涉及的方面，即行为方式的定义，然后描述传达这种行为的最有效形式。

随着科学技术的发展，产品结构与功能趋于复杂化、多样化、智能化，产品的交互达到了前所未有的复杂程度，一个小小的按钮已经远远无法囊括用户与产品之间的所有交互。然而，用户的需求也在持续增长，用户既希望产品拥有更多的功能，又希望产品能够足够简单、易于使用、更人性化，在生理和心理两个层面上都能赋予他们愉悦的使用体验。以电视机为例，过去我们看电视只需要按下黑白电视机的开关按钮；后来我们可以用遥控器随意切换彩色电视机的频道，调整音量；现在的智能电视机允许我们通过手势和触摸屏来控制节目的播放，除此之外，我们还希望能在电视机上定制需要的各种软件。由此可见，先进技术的应用一方面让产品拥有了更强大的功能，另一方面也让用户的操作更加复杂和困难，用户的认知摩擦也日益加剧。

交互设计正是这种设计矛盾发展到一定阶段的必然产物，触发其脱离传统设计，作为单独的设计学科出现。它作为一种新的设计思维方式，力求让产品在功能性和可用性之间取得良好的平衡。从设计的角度看，交互设计看重的是人与产品交互的行为、场景、技术、情感体验等之间的关系，逐渐将关注点从对产品本身的设计转移到使用产品的用户的体验上来，以求满足用户更高层次的需求。从市场的角度看，随着以消费者为主导的商业文化的形成，每个产品的问世，都要面对激烈的市场竞争和百般挑剔的顾客。在功能同质化日益泛滥的情况下，产品是否能以用户为中心进行设计也就毫无疑问成为成功的关键，这意味着产品应把用户观点渗透到设计过程的每个环节，从用户的角度进行产品设计。

交互设计过程本身也是一个设计工程管理过程。设计需求、概念设计、细节设计、用户评估测试、设计实施等环节都需要用户的参与，设计问题转化为如何在设计全过程中保持用户的全程参与，不同阶段的设计方法产出以及如何有效导入下一阶段的设计实践。工程思想是交互设计的核心思想。

自诞生起，交互设计就无疑是一个多学科融合的领域。它存在于产品技术、视觉传达设计、工业设计之间，涉及人类学、社会学、人类工程学、心理学、认知科学、计算机科学、软件工程等多个学科。以用户为中心的交互设计，引起了设计界对用户的关注，同时也衍生了一系列新生的设计领域，如用户体验、用户研究、设计调查、可用性测试等，使得设计开始回归以人为本的本质。交互设计虽然作为新兴学科得以蓬勃发展，但是在中国，仍处于探索阶段。企业和设计机构近十年来才开始重视交互设计的运用及教学，交互设计部门或交互设计专业初现雏形，没有成熟的设计教学方案，相关的设计课程教材较少，更没有成形的交互设计理论体系。

　　本书研究了国外成熟的理论体系，根据同济大学交互设计团队的理论实践与方法，全面系统、循序渐进地向读者介绍了交互设计的理念、观念及相关实践。无论你是交互设计行业的新手，还是相关专业的学生，或是开始组建交互设计团队的管理人员，本书都将是适合你的入门级教程。

　　本书介绍交互设计的基本概念与理论基础、设计流程以及从团队实践中总结的交互设计的方法体系，包括调研分析、设计建模和概念设计与评估。本书第 2 章为乐于实践的新手设计师们提供了一个通用的交互设计流程，虽然并不是每个项目都要实现所有的步骤，但掌握完整的流程步骤有助于设计师对于交互设计有更全面的把握。鉴于实践在交互设计中的重要作用，第 6 章通过真实的案例研究，对设计团队总结的设计方法进行了完整而详细的介绍，帮助读者对每个交互设计方法建立更深刻的认识，掌握方法的实践运用。同样地，不是所有方法都适合每个项目，设计师应该根据实际需要和用户目标量身定制设计方法系。本书也涉及一些交互设计在商业中的应用。学习交互设计的目的不仅是成为专业的交互设计师，更需要通过掌握相关的技能，将交互设计的理念融于工作中。不管对于互联网行业，还是其他产品业、服务业的从业者来说，阅读本书都将大有裨益。

　　借此，对本书内容编撰进行简单说明。本书的主体思想和结构以及主要的设计案例得益于由芳和王建民老师团队的长期科研积累，启发于交互设计课程，逐渐形成书稿雏形。具体章节内容由肖静如同学补充完善，后期的书稿调整和内容更新由实验室团队协力完成。

　　每个学科的生命力都来源于不断地探索和创新，交互设计也是如此。本书所介绍的方法和理论代表着作者所在团队的不懈努力。方法、理论从实践中来，也必须到实践中去，这决定了本书所述只能是启发性的指导而不是既定的教条，但求有益于读者的思考，拓宽设计思维。我们希望与读者共勉，一同探索交互设计的新未来。

编著者　于同济大学
2017 年 1 月

致　　谢

　　随着科学技术的发展，产品结构与功能趋于复杂化、多样化、智能化，产品的交互达到了前所未有的复杂水平，小小的按钮已经远远无法囊括用户与产品之间的所有交互。然而，用户的需求也在持续增长，既希望产品拥有更多的功能，又希望产品能够足够简单，易于使用，更人性化，在生理和心理两个层面上都能赋予他们愉悦的使用体验。这些是形成本书的初衷。在本书的开端，我要感谢那些帮助我完成这本书的人。

　　感谢电子工业出版社的曲昕编辑等人，从一开始准备策化这本书时就给予了很大的认可，并在撰写过程中不断给予支持和鼓励。

　　感谢我的学生。首先要感谢肖静如同学，她阅读并编辑了部分章节的初稿，在本书的内容组织上给予了很好的建议和帮助，对内容资料的整理起到了关键作用，她校对了部分章节的初稿，使本书具有较强的可读性。

　　还要感谢陈慧妍、陈亚琪、金晨希、杨九英、朱奕达等学生，他们均给予了宝贵的意见和建议。

　　感谢每年组织和参与交互设计的 ACM SIGGRAPH Conference、International Conference on E-Learning and Games、HCI International、Designing Interactive Systems 等国际会议的朋友。

　　最后，本书要献给所有支持的同事。在本书的创作过程中，他们给予了极大的鼓励和支持，并无怨无悔地付出。写作是我所知的最孤独寂寞的事情，没有他们的支持就没有本书的面世。

　　由于时间紧迫，编者水平有限，错误和疏漏在所难免，敬请读者谅解。

目　　录

第 1 章　交互设计（Interaction Design） ··· 1

1.1　交互设计体系（System of Interaction Design）················ 1

1.2　设计之本——用户体验 ··· 3

1.3　人人都是产品经理——商业与交互设计的关系（Business）····· 6

1.4　数据思维——信息与交互设计的关系（Information Technique）···· 6

1.5　策划与传播——媒体与交互设计的关系（Media）·············· 7

第 2 章　设计准备工作（Preparation of Design） ································ 8

2.1　交互设计流程及方法分类（Interaction Design Process）······· 8

2.2　设计团队（Design Team）·· 9

第 3 章　市场调研与设计研究（Market & Design Research） ············· 12

3.1　商业 ··· 12

　　竞争产品分析（Competitive Product Analysis）·················· 12

　　品牌策略分析（Brand Strategies）··································· 14

3.2　信息 ··· 17

　　文献检索（Document Retrieval）····································· 17

　　横向思考（Lateral Thinking）··· 18

3.3　设计 ··· 20

　　问卷调查（Questionnaire）·· 20

　　场景分析（Context Analysis）·· 23

第 4 章　用户研究（User Research） ·· 33

4.1　商业 ··· 33

　　民族志（Ethnography）·· 33

　　用户深度访谈（User in-depth Interview）·························· 35

　　专家访谈（Expert Interview）··· 38

　　神秘顾客（Mystery Customer）······································· 40

　　用户建模（User Modeling）（Activity 模型）···················· 42

4.2 信息 ·· 43

　　五个为什么（the Five Whys） ··· 43

　　层次任务分析（Hierarchical Task Analysis） ···························· 44

4.3 设计 ·· 46

　　自然观察法（影随法）［Natural observation (Shadowing)］ ············ 46

　　体验测试（Experience Test） ·· 47

　　（非）焦点小组（Non-Focus Group） ····································· 50

　　人物角色（Personal） ··· 52

　　情景设计（Scenario Design） ··· 55

第 5 章　商业模型与概念设计（Business Modeling & Concept Design） ········ 66

5.1 商业 ·· 66

　　商业模式画布（Business Model Canvas） ································· 66

　　BSC 平衡计分卡（Balanced Score Card） ································· 68

　　品牌定位（Brand Positioning） ··· 70

　　生态系统（Business Ecosystem Design） ·································· 73

5.2 信息 ·· 74

　　亲和图（Affinity Diagram） ··· 74

　　内容规划（Content Management） ··· 77

　　卡片分类（Card Sorting） ·· 78

　　词汇定义（Wording） ·· 80

5.3 设计 ·· 82

　　头脑风暴（Brainstorming） ··· 82

　　思维导图（Mind Map） ·· 84

　　KA 卡片（KA Card） ·· 86

　　服务蓝图（Service Blueprint） ··· 89

　　接触点设计（Touch Point Design） ······································· 91

　　用户体验地图（User Experience Map） ··································· 92

第 6 章　信息架构与设计实现（IA & Implementation of Design） ············· 102

6.1 商业 ·· 102

　　组织系统设计（Organization System Design） ···························· 102

6.2 信息 ·· 105

　　界面流程（Interface Operation Process） ·································· 105

　　　标签系统设计（the Label System Design）···106

　　　导航设计（Navigation Design）··108

　　　站点地图（Site Map）··111

6.3　设计···113

　　　纸上原型（Paper Prototyping）··113

　　　实物模型（Mock-Up Model）···114

　　　高保真原型（High-fidelity Prototyping）···116

　　　隐喻设计（Metaphor Design）···118

　　　界面风格指南（Web Style Guide）··119

　　　布局设计（Layout Design）···120

　　　动态效果设计及音效设计（Dynamic Effect Design & Sound Design）·················123

第7章　设计评估与用户测试（Evaluation of Design & User Testing）············141

7.1　商业···141

　　　启发式评估（Heuristic Evaluation）··141

7.2　信息···143

　　　眼动仪测试（Eye Tracking Testing）···143

　　　心理生理测试（Physical Testing）··145

7.3　设计···146

　　　认知走查（Cognitive Walkthrough）··146

　　　绿野仙踪（角色扮演）[the wizard of OZ (Role Playing)]······························147

　　　协同交互[Collaborative Walkthroughs (Interaction)]····································148

　　　贴纸投票（Sticker Vote）··149

　　　可用性测试（Usability Testing）···150

　　　案例：汽车安全驾驶研究项目测试··151

第8章　系统开发与运营跟踪（Development and Operation）·····················168

8.1　商业···168

　　　开发指南（Guidelines of Development）···168

8.2　信息···168

　　　搜索引擎优化（Search Engine Optimization）···168

　　　网络行为跟踪（Online Activity Tracking）···170

　　　用户反馈收集（User Feedbacks）··172

8.3　设计···173

　　　设计/服务说明书（Design/Service Specification）·································· 173
　　　前端软件开发（Front-end Software Development）····························· 173
　　　界面组件开发（Interface Component Development）························· 175
　　　综合案例："一天"项目运营周报·· 182

第 9 章　Uxlab 交互设计教学产品··· 187
　9.1　教学物理沙盘·· 187
　9.2　数字沙盘··· 188
　9.3　网络课程··· 189
　9.4　社会媒体——微信订阅号 Uxlab·· 190

第 10 章　交互设计案例实践··· 191
　10.1　马拉松移动应用服务的生态圈分析······························· 191
　　　调研与分析阶段：基于生态圈的马拉松用户研究····················· 191
　　　基于生态圈的服务流程设计·································· 196
　　　设计阶段：马拉松赛事应用及服务设计····························· 204
　10.2　问答类网站设计指南··· 206
　　　问答类网站社交性与架构要素研究································· 206
　　　用户知识搜索行为研究·· 212
　　　校园社交型问答网站设计·· 221
　10.3　企业网站设计项目··· 231
　　　市场调查与设计研究——竞品分析······························ 231
　　　用户研究——问卷调查·· 234
　　　商业模型与概念设计··· 237
　　　信息架构与设计实现·· 248
　　　设计评估与用户测试——可用性测试······························ 258
　　　系统开发与运营跟踪·· 260

参考文献··· 268

第1章　交互设计（Interaction Design）

1.1　交互设计体系（System of Interaction Design）

交互设计，又称互动设计（Interaction Design，IxD 或者 IaD），是定义、设计人造系统行为的设计领域。[①]它是一门多学科交叉，需要多领域、多背景的专业人士参与的新兴学科。与传统设计学科不同，交互设计以用户为中心，研究某些人在特定的场景下与不同的设备产生行为的交互过程。

从理论层面看，交互设计起源于 20 世纪初出现的工业设计，工业设计者在进行设计时，不仅要考虑产品的物理属性，包括产品的整体外型、各种细节特征的相关位置、颜色、材质、音效等，还要考虑产品使用者的生理和心理因素，也就是人类工效学（Ergonomics，该词汇主要在欧洲范围使用）的研究内容。早期欧洲提出的人类工效学侧重于研究环境施加给人的物理影响，1957 年，美国成立的人为因素和人类工效学学会（Human Factors and Ergonomics Society，HFES）提出的人因工程学（Human Factors），则开始将其从人类工效学独立出来，更加强调认知心理学以及行为学和社会学等学科的理论指导，考虑更多人的因素，更符合以人为核心的理念。国际人类工效学会（International Ergonomics Association，IEA）将人类工效学（Ergonomics）定义为：对人在某种工作环境中的解剖学、生理学和心理学等方面的各种因素；人和机器及环境的相互作用；在工作中、家庭生活中和闲暇时间怎样统一考虑工作效率、人的健康、安全和舒适等问题进行研究的学科。

从实践层面看，早期的设计强调美感，多指的是工业产品的外观设计或者是计算机软件的界面设计。1986 年，Donald A. Norman 在与 Stephen W. Draper 合著的文章《在人机交互的新视角下以用户为中心的系统设计》中第一次提及以用户为中心（User Centered Design，UCD）的设计理念，倡导好的设计应该在每一步的设计流程中都有用户的参与，才能设计出符合用户期望的产品。交互设计作为一门关注交互体验的新学科在 20 世纪 80 年代诞生，它由 IDEO 的其中一位创始人比尔·莫格里奇在 1984 年一次设计会议上提出。

[①] http://zh.wikipedia.org/w/index.php?title=交互设计&variant=zh-cn

比尔·莫格里奇一开始将它命名为"软面（Soft Face）"，由于这个名字容易让人想起和当时流行的玩具"椰菜娃娃（Cabbage Patchdoll）"，后来把它更名为"Interaction Design"，即交互设计。90年代后，设计逐步从界面拓延开来，强调计算机对于人的反馈交互作用，"人机界面"一词被"人机交互"所取代。交互设计逐步进入人们的视线，成为设计领域不可或缺的一部分。从下图可以看出，交互设计虽属于以用户为中心的设计，但涉及了工业设计、用户界面设计等多个领域。

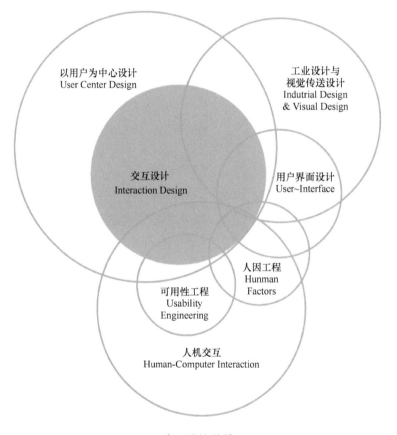

交互设计学科

研究人员在长期的项目实践中总结出了自己对交互设计的独到见解，认为交互设计除了基本的信息技术之外，还要考虑商业创新、工程管理等与用户紧密相关的方面，将用户需求渗透到设计过程的每一个步骤中。研究人员将商业、媒体和信息渗透在交互设计的每一步骤，建立一套完整的交互设计体系。

交互设计体系

1.2 设计之本——用户体验

1）用户体验

用户体验是以用户为中心的一种设计手段，强调产品的目的是为用户服务，而不仅仅是实现某些功能。用户需求作为产品设计的核心指导整个设计过程。

用户体验目标体现了产品的非物质属性，用户体验目标有以下几个方面：

- 令人满意的；
- 令人愉悦的；
- 有趣；

- 引人入胜；
- 有益；
- 激励；
- 富有美感；
- 支持创造力；
- 有价值；
- 情感上满足。

衡量用户体验主要从品牌（Branding）、使用性（Usability）、功能性（Functionality）和内容（Content）四个元素入手。[①]

用户体验四元素

可用性目标和用户体验目标之间的关系：

可用性是交互设计的必要基础，但如果产品仅仅是可用的，就无法获得更多的用户。著名的心理学家 Donald A. Norman 在《情感化设计》一书中认为："当然实用性和可用性也是很重要的，不过如果没有乐趣和快乐、兴奋和喜悦、焦虑和生气、害怕和愤怒，那么我们的生活将是不完整的。"可用性仅仅满足用户的基础需求，只有实现用户体验的目标，才能满足用户更高层次的需求。

① 李世国。体验与挑战——产品交互设计. 北京：中国轻工业出版社，2008. P38.

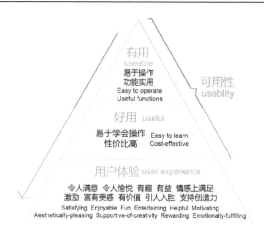

可用性金字塔

2）交互系统 Interactive System

交互系统是由人（People）、人的行为（Behavior）、产品使用时的场景（Context）和产品中融合的技术（Technology），以及最终完成的产品（Product）五个基本元素（简称 PACT-P）组成的系统。①

交互系统

---

① 李世国. 体验与挑战——产品交互设计. 北京：中国轻工业出版社，2008. P25~27.

人：在系统中与产品进行互动的对象，即用户。

行为：指人使用产品在交互系统环境中的动作行为和产品的反馈行为。产品支持的行为主要是由产品的功能决定的。

场景：在交互系统中行为发生时的周围环境，行为与场景密切相关。交互系统中的场景可分为物质和非物质场景两大类。

技术：支持交互行为和实现产品功能所需的技术，包括硬件和软件技术。

产品：在系统中为用户提供服务的物体。

3）产品设计的主体——用户 User

用户类型与界定。

主要用户 Primary User：经常使用产品的用户。

次要用户 Secondary User：偶尔使用或通过他人间接使用产品的用户。

三级用户 Tertiary User：购买产品的相关决策人员和管理者等。

用户的具体化——人物角色 Persona。

角色（Persona）是根据用户的目标和特征定义的实际用户的原型。目标用户越多，偏移目标的可能性就越大。如果想得到 50%的产品满意度，不能让一大批人中的 50%对产品满意来达到这个目标，只能通过分离这 50%的人，让他们 100%满意来达到。瞄准 10%的市场，使其成为产品的狂热追随者就能获取最大的成功。

1.3　人人都是产品经理——商业与交互设计的关系（Business）

一般意义上的设计师都是个性化的，他们喜欢设计带有个人风格与色彩的作品。但是交互设计师不同，他们设计的产品是为大多数人服务的，并且创造一定的商业价值，因而商业模式是交互设计必须考虑的一部分。不同的产品定位、不同的目标市场都会导致截然不同的设计。以手机为例，不同市场的消费者需求是不同的，不同时间段的需求也非常不同，那么，理解并适应消费者这些变化并推出可用性高的交互产品，就非常重要。在这一角度上，交互设计可以说是一种市场营销工具。可以帮助市场营销人员了解到哪些人会使用这个产品以及背后的动机。苹果公司应该是最商业的，同时也是以设计最为人所知，它考虑到所有人的需求来设计苹果产品。商业与设计可以和谐共生，并且创新一直伴随左右，好的创意可以激发新的商业模式和交互方式的产生。

1.4　数据思维——信息与交互设计的关系（Information Technique）

无论是功能型产品还是信息型产品，信息都是交互设计重要的组成部分，当你在商业要素的基础上定位了初步的产品概念，接下来你就需要考虑如何整合、组织和表达你的信息。尤其随着云时代的到来，大数据得到了更多的关注，你可以轻而易举地收集到浩瀚的数据，大数据技术的战略意义不在于掌握庞大的数据信息，而在于对这些含有意义的数据进行专业化处理。如果没有经过精心的策划和布局，这些数据也只是无意义的堆叠。交互设计师应该在了解用户需求的基础上区分优先级，将最需要解决的需求作为设计功能和规划数据、信息架构的依据，合理安排设计的内容和功能，提高设计的可用性，改善用户的体验，帮助用户实现目标。

好的信息架构可以指导设计师在之后的界面设计中避免迷失方向或者先入为主的设计。我们需要很好地构建并理解信息空间，即使信息空间的内容越来越多，也要让它在我们搭建的信息空间中找到合适的位置，这样才不会导致信息内容过多而变得混乱，使得信息的利用率降低。信息架构在这个过程中就是起到了这样的功能，合理地规划信息空间，不仅能够帮助信息使用者，还能帮助信息提供者更好、更有效地管理信息。

1.5　策划与传播——媒体与交互设计的关系（Media）

交互设计意义上的媒体与传统意义上的媒体概念不同，更多的是指最终设计所依赖的载体和表现形式，比如网站、PC 端、手机、手表、电视等软件或硬件。交互设计产品与服务须考虑媒体的传播形态以及品牌推广。你的产品需要在一个还是多个设备上运行，需要准备哪些数据，你的设计应该根据使用的设备做出哪些适配性的调整与统一，如果是多设备使用，不同设备间的环境与生态又应该如何，这些都是交互设计意义上的媒体设计应该思考和解决的问题。

第 2 章　设计准备工作（**Preparation of Design**）

在设计开始之前，我们要根据设计需要装备设计团队，设计团队成员对交互设计的整个流程必须要有完整的了解和认识。与传统的设计项目不同，交互设计始终是以用户为中心的目标导向设计过程。

2.1　交互设计流程及方法分类（Interaction Design Process）

- 市场调查与设计研究

在这一阶段，对商业市场和现有产品数据进行分析，获取市场需求。

- 用户研究

针对用户的各个方面进行一系列的调查与分析，总结用户的行为模式。

- 商业模型与概念设计

通过综合考虑用户调研的结果、技术可行性，以及商业机会，为设计的目标制定可行的设计方案（目标可能是新的软件、产品、服务或者系统），将用户需求转化为具体的产品概念。

- 信息架构与设计实现

根据概念方案进行进一步的原型设计、信息架构设计，以及视觉与交互设计。

- 设计评估与用户测试

借助一系列评估体系与测试方法，对交互设计产物如原型，或者设计的界面进行测试与评估，分析其可用性和易用性可能存在的问题，为产品进一步迭代设计提供建议。

- 系统开发与运营跟踪

在功能完善、经过多次迭代的产品 Demo 基础上进行开发工作，并在发布后持续进行数据跟踪，为下个产品版本提供建议。

除了设计流程之外，鉴于交互设计是一个多学科交叉的领域，在项目执行过程中，既需要从商业、市场、用户的角度引导设计，也需要从架构、逻辑、技术上支持设计与开发，还需要从设计、信息整合与呈现、体验测试、视觉的角度去表达设计。下文将交互设计方法分为商业、信息、设计三大类（如下表索引所示），让读者在学习方法的时候能有更为清晰的思路和目的性。

商业、信息和设计分类的交互设计方法

商　　业	信　　息	设　　计	
竞争产品分析	文献检索	问卷调查	高保真原型
品牌策略分析	横向思考	场景分析	隐喻设计
民族志	五个为什么	自然观察法	界面风格指南
用户深度访谈	层次任务分析	体验测试	布局设计
专家访谈	亲和图	焦点小组	动态效果设计
用户心理建模	内容规划	人物角色	音效设计
神秘顾客	词汇定义	情景设计	认知走查
商业模式画布	卡片分类	故事板	绿野仙踪
BSC 平衡计分卡	界面流程图	思维导图	协同交互
品牌定位	组织系统设计	用户体验地图	贴纸投票
生态系统	标签系统设计	头脑风暴	可用性测试
组织系统设计	导航设计	接触点设计	设计说明书
专家启发式评估	站点地图	服务蓝图	前端软件开发
开发指南	眼动仪测试	纸上原型	界面组件开发
	生理心理测试	实物模型	
	搜索引擎优化		
	网络行为跟踪		
	用户反馈收集		

2.2　设计团队（Design team）

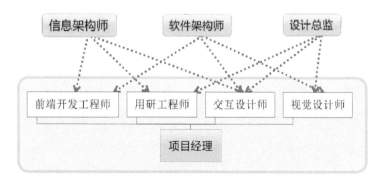

团队配备及职责

设计团队及岗位描述

岗　　位	岗位概述	岗位职责
设计总监	主要负责公司品牌、产品品牌塑造	1．负责公司品牌塑造、产品品牌塑造等相关的视觉设计（包括：VI、广告、网页、动画，以及其他推广媒介的设计）； 2．参与经营和管理品牌，制定品牌视觉规范； 3．对产品交互流程设计进行监督与指导
软件架构师	主要负责产品信息架构规划以及代码标准、规范的制定	1．制定代码、文档的标准和规范，并推广和应用，提高团队的开发效率； 2．信息架构的框架或核心模块的设计与实现； 3．在信息架构、设计与开发上指导开发团队的其他成员
信息架构师	主要负责产品信息架构设计以及可用性测试的指导与监督	1．产品信息架构设计； 2．主持产品启发式评估，优化产品用户体验； 3．指导可用性测试，对测试结果进行审核监督
项目经理	对所有项目进行整体把控	1．主持所有项目开发和实施，带领项目组成员完成项目既定目标； 2．对所有项目组成员及项目实施全过程进行监督、管理和控制
用研工程师	理解设计问题，制定合适的研究计划，邀请用户执行研究，其后分析数据，再向团队宣讲结果，协助推动把用研结果落实在设计里面	1．产品的易用性和功能分析，进行用户研究； 2．对各产品的市场需求进行分析； 3．主持用户观察、深访、焦点小组等易用性测试； 4．撰写调研报告； 5．撰写产品分析报告
交互设计师	主要负责产品交互设计，优化产品用户体验	1．参与产品规划构思和创意过程； 2．根据需求和用户研究的结果，参与界面的信息架构设计； 3．结合可用性测试结果，完成界面交互行为和功能的改良，提高产品的易用性； 4．参与界面设计流程的完善和优化工作
视觉设计师	主要负责产品视觉表达与制作	1．参与产品前期界面视觉用户研究、设计流行趋势分析； 2．设定软件产品的整体视觉风格和 VI 设计； 3．负责产品界面的制作与 UI 文档编写
前端开发工程师	主要负责原型、流程设计与实现	1．负责制作纸质原型、高保真原型； 2．负责界面操作流程设计； 3．负责动态仿真原型设计与实现

专业人员能力素质要求（Request of Professional Ability Quality）如下。

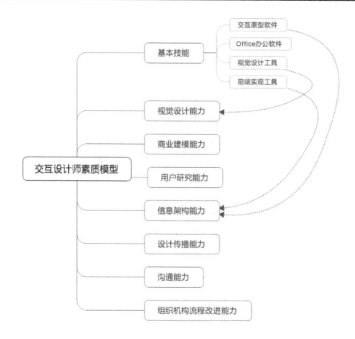

交互设计师素质模型

第3章 市场调研与设计研究
（Market & Design Research）

如果设计目标定位是源创新，即从源头上创新，它针对波特价值链理论的局限性做出突围，从根源上纠正了工业革命旧思维，提倡以"源创新"建立适应于信息时代的"两面市场"生态系统，实现从以"产品"为中心到以"客户"为中心的转变，为多方客户提供新价值，那么概念和产品，在设计的初期阶段，研究团队会引入大量的市场调研和设计研究工作，为后期的细节设计进行设计定位和需求确认。根据美国营销协会（AMA）的定义，市场调研是用信息来联系营销者和消费者、客户和公众的活动，市场调研信息用于发现和确认营销机会和问题，并制定、提升和评估营销活动，监测市场表现，改进对营销过程的认识。尽管市场调研属于营销管理学的范畴，但其采集、分析和解释信息和数据的研究方法非常适合在交互设计前期阶段借鉴及使用。该阶段可分为市场调查、情景调查和系统分析三个部分。对于产品的现有市场、潜在市场和客户群的调研分析，将影响到以后设计阶段的功能确定等因素。

3.1 商业

设计师眼中再出色的交互设计，只有经过市场的检验才能为人称道，交互设计与纯粹的设计的不同点就在于交互设计的产物并不是艺术品，而是实用品。因而在设计项目初期，团队成员需要对目标产品的现有市场和潜在市场等情况进行深入的调研分析。

竞争产品分析（Competitive Product Analysis）

好的产品只有在相对于市场上其它类似功能的产品取得竞争优势，才能创造经济效益。竞争产品分析主要分为客观上的（产品的结构、流程、数据）分析和主观上的（用户流程体验、对方产品与自家产品的优势与不足）分析。

对于设计的意义

（1）为制定产品战略规划、产品各条子产品线布局、市场占有率提供一种相对客观的参考依据；

（2）随时了解竞争对手的产品和市场动态，如果挖掘数据的渠道可靠稳定，根据相关数据信息可判断出对方的战略意图和最新调整方向；

（3）可掌握竞争对手资本背景、市场用户细分群体的需求满足和空缺市场，包括产品运营策略；

（4）剔除新立项的产品中拍脑袋想出来的（很危险，指的是对新接触的行业没有积累和沉淀）没有形成较为有效完整的系统化思维和客观准确方向的。

设计案例

　　UxLab 2013 年车载社交软件设计项目，在前期研究中，项目组一方面考虑到车载软件本质上也是移动端软件，另一方面也想了解用户对于社交的需求，所以以对下图市面上几款典型的移动 SNS 社交应用进行竞争产品分析，包括其功能定位、静态界面风格等，从中挖掘设计机会。

街旁

"街旁"是一个基于地理位置的移动社交服务手机应用。它在传统的社交服务所拥有的时间、人物、事件之外，成功引入了第四个维度：地点，让用户的网络生活和真实生活更紧密的结合。

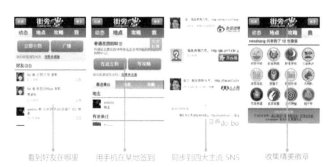

街旁

面包旅行

这款iPhone手机应用可以让你在旅途中通过拍照和添加文字描述来记录某一个瞬间。然后，它会通过NAVI追踪你的整个旅行路线，并在地图上标记这一个个包含照片、文字和位置信息的瞬间。点击地图上的播放按钮，它就会像播放电影一样，按照地图上的节点顺序播放整个游记。

面包旅行

（续表）

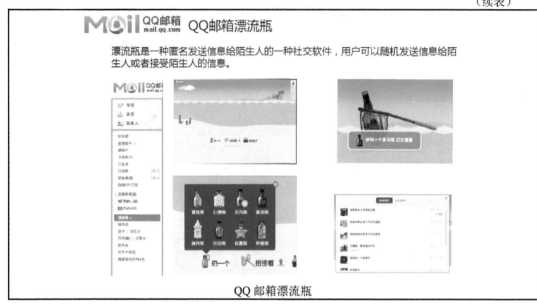

QQ 邮箱漂流瓶

品牌策略分析（Brand Strategies）

　　品牌用于识别产品或服务，也是与市场上其他竞争性产品区分开来的重要标志。品牌信息传播的内容是在用户心中树立形象、实现推广的关键。品牌信息应该采用什么样的方式以及通过渠道来传播哪一类信息是企业在制定营销计划时的关键。好的策略能建立产品或服务与用户之间的情感联系，培养用户的忠诚度，从而建立品牌的长期价值。

　　品牌战略决策有 5 种，即产品线扩展策略、品牌延伸策略、多品牌策略、新品牌策略、合作品牌策略。

　　（1）产品线扩展策略。此策略就是指企业增加某一产品线的产品时仍沿用原有的品牌。不同的产品可以满足消费者的不同需求，此策略可以充分地利用企业过剩的生产能力，填补市场空隙，扩大消费群，增加企业的利润。

　　（2）多品牌策略。此策略就是企业在相同产品类别中引进多个品牌，建立多品牌组合，最大限度地覆盖市场。当需要保护核心品牌的形象时，多品牌的存在更显得意义重大，核心品牌在没有把握的革新中不能盲目冒风险。例如，迪斯尼企业在其电影制作中使用多个品牌，使得迪斯尼企业可以生产各种类型的电影，从而避免了损伤声望卓著的迪斯尼的形象。

　　（3）品牌延伸策略。当企业的竞争品牌侵占了企业品牌的一部分，使企业的品牌市场份额有所减少，或者是消费者的偏好发生了转移，原有的品牌定位无法给消费者带来更高层次的需求，企业就必须开始给自己的品牌重新定位，以再次赢取目标消费者的"芳心"。

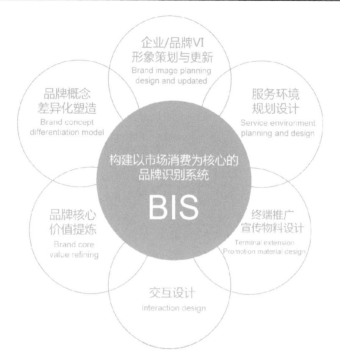

品牌识别系统

宝洁旗下品牌"飘柔"最早的定位是二合一带给人们的方便以及它具有使头发柔顺的独特功效。后来，宝洁在市场开拓和深入调查中发现，消费者最迫切需要的是建立自信，于是从 2000 年起飘柔品牌以"自信"为诉求对品牌进行了重新定位。

（4）新品牌策略。为新产品设计新品牌的策略称为新品牌策略。当企业在新产品类别中推出一个产品时，它可能发现原有的品牌名称不适合于它，或是对新产品来说有更好、更合适的品牌名称，企业需要设计新品牌。

（5）合作品牌策略。这是一种伴随着市场激烈竞争而出现的新型品牌策略。一种产品同时使用企业合作的品牌是现代市场竞争的结果，也是企业品牌相互扩张的结果。这种品牌策略现在很常见，比如"一汽大众"、"上海通用"等。

品牌策略的目的在于确定产品的设计开发与市场环境的关系，确定设计开发方向和设计竞争对策，确定在设计中体现的品牌文化原则。品牌策略需要渗透到产品的品牌设计、概念设计等方面，与经营战略的关系更加密切。

设计案例

来自 UxLab 2012 年基于云计算的内容存储分发业务研发——系统原型与客户端软件开发项目，为了了解现有云盘产品的特色功能定位，为之后的设计提供思路。项目组针对市面上流行的基于不同品牌策略的云存储产品进行对比分析。以下为部分节选。

1. 以社区为特色的网盘（139 说客网盘，QQ 网盘）

序　号	特　色	网　盘
1	绑定客户端	139：与 139 说客等应用相结合，提供文件的存储、搜索、寻求、共享服务的的网络硬盘移动解决方案 QQ：与 QQ 邮箱绑定使用
2	实现社区内的文件共享	139：添加/选取联系人后共享文件 QQ：通过邮件形式共享文件
3	不同用户对文件进行协同编辑	139：文件共享给好友后实现不同用户之间协同编辑
4	可以开发第三方应用	139：139 说客社区娱乐应用

电信的优势：中国电信的基础用户量大

电信的不足：基础用户量虽大，但用户之间关联性不强

合作优势：（1）利用社区的社交性质，黏合用户，给予用户归属感

　　　　　（2）社区用户间的相互影响，有利于宣传推广自己的业务

案例：

　　Amazon 与 twitter 的合作。在 Amazon Simple Storage Service (S3)上为 100 万个用户账户存储图片。通过按照使用付费的方式，Twitter 不需要花费大量资金购买硬件基础设施来存储和提供图片服务，也不需要支出人力和部件成本来配置和维护图片。

　　总结：网易网盘、QQ 邮件中转站、139 说客网盘，网盘在很大程度上不作为一个主打的产品，而是通过网盘来吸引更多用户去使用邮箱。通过提高邮箱的用户黏性，再从邮箱后面的链条去赢利。

　　网易是通过邮箱广告和直邮等赢利。

　　QQ 邮箱是为了增加使用 QQ 邮箱的用户或者吸引用户充值会员获利。

　　139 说客网盘是通过网盘带动邮箱，再通过邮箱带动整个中国移动的手机用户数而获利。

2. 以邮箱为特色的网盘（网易网盘、QQ 网盘、139 邮箱网盘）

序　号	特　色	网　盘
1	通过外链接共享文件	139：通过邮件形式共享给好友，或者文件发布说客，所有的友人都能看到文件。没有文件外链的形式
2	可以捆绑手机	139：要求实名注册，上传头像，还要求用手机号码验证注册
3	能用手机客户端登录	139：手机支持即可 QQ：QQ 手中邮
4	采取保密措施，防止信息泄漏，保证信息安全	139：手机密码验证并有登录、退出的短信通知 QQ：可对文件进行加密。会员安全性更高

电信的优势：（1）拥有庞大的数据通信网络；

　　　　　　（2）手机用户量大

电信的不足：与移动（139 邮箱）相比，邮箱用户量（189 邮箱）少

合作优势：绑定邮箱，利用邮箱用户群大的优势

（续表）

115 网盘、Rayfile、Mediafire、Dbank 数据银行的共同点是：都通过免费空间等吸引用户上传资源。用户可以通过对外连接来分享自己共享的资源。收费模式上多数是后向收费模式。后向收费模式的产品与向前端用户收费的方式的产品形态不同。收费的产品，一般都只是提供一定的存储空间和时间。用户主要目的是为了扩展容量和增加存储时间来进行付费。 　　分享类型的网盘有一个弱点，是内容方面网盘运营商不能控制用户上传和分享内容的安全性，容易产生政策法律的风险。 　　115 网盘的不同之处就在于它主要是通过网盘带动内容，再带动其他产业链，再从其他产业链中的流量来赢利。 　　Rayfile 的不同之处就在于它主要是通过广告收费。吸引用户和流量的目的是为了广告，而没有带动其他业务。 　　Mediafire 的不同之处在于它单纯的网盘业务发展，通过前后端共同收费的模式，网盘的优势很自然就能带动内容。 　　DBANK 数据银行的不同之处在于它依靠于大的硬件商，在容量上有很大的优势，而且上传下载速度都较快，有较好的用户体验。

3.2　信息

在项目初期，设计团队应对目标产品的所有相关信息都有所了解和涉猎，并从中抽取出对设计有用的信息。信息的有效性比信息的数量更有意义。

文献检索（Document Retrieval）

狭义的检索是指依据一定的方法，从已经组织好的大量有关文献集合中，查找并获取特定的相关文献的过程。这里的文献集合，不是通常所指的文献本身，而是关于文献的信息或文献的线索。[①]广义上的文献检索，主要是与项目或产品相关的二手资料的收集、整理和分析，渠道来自网上资料搜索和图书馆等书籍信息搜索。文献检索的重点在于从什么角度切入检索，如何对收集的杂乱无章的信息进行整理和分析。

案例

来自中山大学梁甜诗硕士论文《基于微信社交平台的餐饮互动服务研究》，为了对现有餐饮互动服务进行研究，采用 O2O 模式对其进行分类，收集资料并从三类餐饮业 O2O 平台中分别选取一个代表性对象进行互动性分析。

---

① 维基百科

（续表）

现有餐饮业 O2O 平台中的互动形态对比						
类型	平台	互动对象	互动方式	信息传播方式	同步/异步	使用频率
基于团购网站的 O2O	美团网	其他消费者（陌生人）	发布或查看消费评价	点对面	异步	低
			对评价内容进行回复（评为"有用"）	点对点	异步	低
		社交媒体中的好友	分享到社交媒体	点对面	异步	高
基于单个企业的 O2O 平台	广州酒家官网	商家	意见反馈	点对点	异步	低
基于电商平台的 O2O	大众点评网	其他消费者（陌生人）	发表或查看点评	点对面	异步	高
			对评价内容进行回复（赞、献鲜花、回应、收藏）	点对点	异步	高
			加关注、发私信	点对点	异步	低
		社交媒体中的好友	微信分享	点对点点对群点对面	同步或异步	高

　　结论：现有餐饮业 O2O 模式中的互动主要存在于消费者与其他陌生消费者之间，而消费者与固有社交关系网络、消费者与商家之间的互动性不足，互动方式单一，信息可信度不高，未能实现联接、消费、分享、协作、创作的互动需求，同时也导致消费者互动驱力不足。而微信聊天、朋友圈、扫二维码、摇一摇、查看附近的人、漂流瓶、游戏、公众平台、微信支付等功能，使得人们的社交网络从原有的"弱关系社交网络"向基于 QQ 好友和手机通讯录的"强关系社交网络"转变，其点对点、点对群（组）、点对面的传播模式，为消费者之间的互动提供了多种形式，也打通了餐饮商家与消费者之间的双向沟通，为商家提供了一个客户管理平台和一个能够直接实现赢利的可能渠道，弥补了现有餐饮业 O2O 模式在互动性上的不足。

横向思考（Lateral Thinking）

　　横向是认知思维的一部分。在进行横向思考的时候要注意：对问题本身产生多种选择方案；打破定势；对头脑中冒出的新主意不要急着做是非判断；反向思考；对他人的建议持开放态度；扩大接触面。横向思考适用于从其他领域的事物、事实中得到启示而产生新设想。改变解决问题的一般思路，试图从别的方面、方向入手，增加其思维广度。

　　剑桥大学的教授爱德华·德波诺（Edwward de Bono）研究得出的横向思维的方法：

　　第一，对问题本身产生多种选择方案，而不要死抱住显得好像最有希望解决问题的那种办法不放；

第二，打破定势，提出富有挑战性的假设，要对各种假定提出诘难；

第三，对头脑中冒出的新主意不要急着做是非判断，不要急于对头脑中涌现出的想法加以判断；

第四，反向思考，用与已建立的模式完全相反的方式思维，以产生新的思想；

第五，对他人的建议持开放态度，让一个人头脑中的主意刺激另一个人头脑里的东西，形成交叉刺激；

第六，扩大接触面，寻求随机信息刺激，以获得有益的联想和启发；

第七，参加新观念的启发性集会。

案例

来自 UxLab 2012 车载社交项目，项目组根据调研总结得出的六个设计方向，包括导航助手、信息提醒、拍客、互动游戏、音乐以及设计，分别对每个方向进行横向的功能设想，设想的依据基于问卷调查中用户对功能点的感兴趣程度。在发散的过程寻找最具代表性和设计潜力的设计方向。以下选取其中两个方向为例。

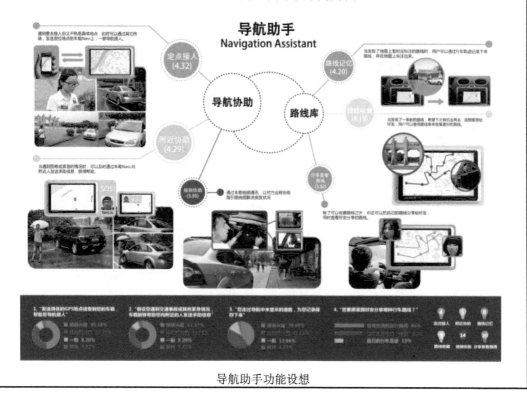

导航助手功能设想

（续表）

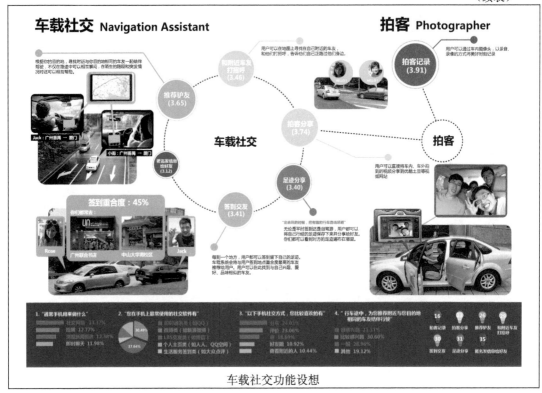

车载社交功能设想

3.3　设计

这一阶段虽还没有涉及设计的概念，但需要设计团队运用一些设计中常使用的方法来对之后的设计进行铺垫和思考，以便确定设计定位和方向。

问卷调查（Questionnaire）

问卷调查是用户研究中经常使用的方法，它可以收集到来自不同地域、不同背景的大量用户的大量信息，获取用户的偏好及意见。由于研究人员无法直接接触用户，所以问卷的问题设计、信度和效度分析以及问卷回收后的过滤与数据统计分析是很重要的部分。问卷调查属于定量研究的方法。

问卷调查有优点也有缺点，其优点主要有：不用面对面的交流；可以用来为主要利益相关者文档提供信息；可以用来确认提出的解决方案是否被采纳；可以用来从一对一访谈中获得的反馈进行再一次检查；可以用较少的费用扩大到较大的群体。

问卷访谈的缺点主要有：模糊的问题将会返回对设计毫无用处的模糊的答案；人们不喜欢很长的问卷调查；封闭式问题限制了答案；开放式问题难以被量化。

问卷调查的流程如下图所示。其中信度和效度的调查是较为重要的环节，信度即可靠性，是指使用相同指标或测量工具重复测量相同事物时，得到相同结果的一致性程度。效度即有效性，能够衡量综合评价体系是否准确反映评价目的和要求，指测量工具能够测出其所要测量的特征的正确性程度。对于它们的分析可以借助一些数据统计分析工具来完成。

问卷调查流程图
Questionnaire Progess

1 根据访谈设计问题 Design questionnaire according to interview	2 试调查 Trial investigation	3 调查信度效度 Reliability and validity investgation	4 小批量抽样调查 Small quantities of sample surveys	5 正式抽样调查 Official sample survey	6 调查总结 Summary of questionnaire
调查结构框架 Investigate the structural framework 转化调查因素为问题 Conversion factors for the survey questions	选择试调查对象 Select the test survey objects 了解修改建议 Understanding of the proposed changes 优化问卷 Optimization questionnaire	是否真实全面有用 If full of useful and real 是否稳定一致 If stable and consistent	抽样调查 Sample Survey 信效度分析 Reliability and validity analysis 修改调查问卷 Modified questionnaire	确定抽样人群 Determine the sample population 描述抽样方法 Sampling method described 确定抽样量大小 Determine the size of the sample volume 实施取样计划 Implementation of the sampling plan 收集取样数据 Sampling data collected	数据分析 Data Analysis 信效度分析 Reliability and Validity 得出结论 Concluded

问卷调查流程图

在设计问卷时，我们应该首先根据初步访谈确定目标用户群，然后根据不同的用户类型量身定做不同的针对性问卷。可以按照以下表格的模式列出问卷问题的大纲，理清每一类型问题的目的，对将来设计的影响等，明确我们想从问卷调查中获取哪些用户信息。为问卷的正式撰写提供依据。问卷问题类型可以分为开放型问题、导入型问题、过渡型问题、关键型问题以及结束型问题。不同类型的用户在同一问题类型下的问题可以是相同的，也可以视具体情况各有不同。

设计案例

来自 UxLab2009 年某网站优化建设项目，项目组在前期研究中通过访谈结果分析将用户群聚焦为政府官员、高收入人群、系统集成商、房地产商四类，因此在问卷调查中分别有所侧重地对四类用户设定问题。

用户调查问卷

问题类型 Type of Question	用户类型 Type of user				目的 Goal	影射至界面 Interface Refletion
	房地产商 Realtors	系统集成商 SI	高收入人群 High-income Groups	政府官员 Government Official		
开放型问题 Open Question	请问贵公司希望通过网站达到什么目标？ 贵公司希望在不同用户心里是怎样的形象？ 请描述一下您印象中典型的客户的特征（概括）。 请回想您印象最深刻的一个客户，他们什么特征或者说过什么话语让您印象深刻（举例）？				用户总体特征	整体风格
导入型问题 Engaged Question	1. 跟您沟通的是他们本人么？还是秘书？他们年龄、学科背景，交流方式通常是怎样的？ 2. 他们一开始怎么知道你们的服务与产品的？合作方式通常是怎样的？	1.跟您沟通的是他们本人么？还是秘书？他们年龄、职业背景、交流方式通常是怎样的？ 2.他们一开始怎么知道你们的服务与产品？合作方式通常是怎样的？	1. 在维修过程中，跟您沟通的是男主人，还是女主人？保姆或其他人？他们的特征（他的年龄、职业、居住环境、生活习惯）是怎样的？ 2. 客户是怎么知道你们的服务与产品？他们认为通过朋友介绍、网洛、普通广告还是其他方式比较可靠？	1. 跟您沟通的是什么级别的政府官员？请描述一下他的总体特征。 2. 他们之前听说过你们的服务与产品么？通常是通过什么方式得知？展销会？交易会？还是其他？	用户细致特征，进行用户细分	是否需要个性化页面，例如公司介绍的风格和产品展示
过渡型问题 Transitional Problem	1. 当客户一开始接触你们的服务与产品时，他们第一印象认为是什么产品？	当客户一开始接触你们的服务与产品时，他们第一印象认为你们的服务与产品是什么？能给他们的生活带来哪些不同？		1. 当他们第一次听到你们的服务与产品时认为是什么产品？ 2. 听完你们的介绍后他们对你们的企业有什么评价？	用户的观点和态度	信息的优先级，信息关联，页面跳转
关键型问题 Important Question	1. 回想一下，客户最常问的关于你们的服务与产品的问题是哪些？价格？稳定性？其他？ 2. 通常维修是哪些原因？（客户处理不当？产品稳定性？） 3. 客户会不会在场？他们提出什么意见或者建议？ 4. 回想一下客户有没有提出在哪些地方增加什么设备？ 5. 在你介绍的时候，客户会对怎样的表现方式感兴趣？三维实体模型演示？虚拟的广告片？纸质的宣传册？ 7. 他们希望看到你们的服务和产品的哪些功能效果？希望看到服务的整个流程、产品的整体效果还是产品的单一效果？		1. 在你们介绍的时候，客户会对怎样的表现方式感兴趣？三维实体模型演示？虚拟的广告片？纸质的宣传册？ 2. 他们希望看到服务和产品的哪些功能效果？ 3. 他们通常关心你们公司哪方面信息？		用户的需求和目标	信息的优先级，信息关联，页面跳转

（续表）

问题类型 Type of Question	用户类型 Type of user				目的 Goal	影射至界面 Interface Refletion
	房地产商 Realtors	系统集成商 SI	高收入人群 High-income Groups	政府官员 Government Official		
	最后是什么因素促使他们购买？给楼盘增加卖点？让楼盘价格提升？成交量增加？	最后是什么因素促使他们购买？	哪些因素最后促使客户决定买你们的服务与产品： 给了他们安全感？享受家庭娱乐？房子太大，买了方便？			
	讨论展示方式					
结束型问题 Ending Question	请问还要补充哪些？ 是否有您想说又没有机会说的内容？					

场景分析（Context Analysis）

场景分析应该涵盖主要情境以及各种边缘（特殊）情境。如果我们做的是已有产品的优化设计，可以从用户的口中得知他们的使用场景，但如果是创新产品的设计，我们就需要用评价维度去筛选出主要场景进行分析。常见的维度有：

发生频率——预估此场景的用户活跃度；

重要性——了解用户对此场景的感性主观上的评价；

满意度——了解用户对目前使用方式的满意度；

易用性——了解用户目前的使用方式的痛点；

意愿性——了解用户将来的使用意愿。

根据以上维度，我们就可以将频率高、重要性高、满意度低、易用性低、意愿性高的场景设为优先分析的主要场景。

边缘（特殊）场景指的是使用产品时可能出现的极致情况，包括特殊用户（例如老人、小孩）的一般情境，一般用户的特殊情境（例如火灾发生时大门的使用）。

服务设计中经常使用的特殊事件法与边缘（特殊）场景类似，要求受访者讲述一些印象深刻的事件，然后对这些所谓的关键事件进行内容分析，以寻求导致关键事件发生的深层次的原因。通过查看用户接受服务的过程，确定和列举服务的关键元素，发现用户日常生活中的差距和机会，通过分析客户在遇到不便时的情景而获取潜在的提供服务的机会。

设计案例

研究团队 2014 年汽车安全驾驶设计研究与倒车场景 HUD 设计项目，使用场景分析法，旨在列出目标用户在驾驶中可能遇到的边缘（特殊）场景，并针对其暴露出的用户需求进行优先级分析。

> **场景概述：**李红驾车去幼儿园接五岁的儿子放学。
>
> （1）李红打开车门，坐上驾驶座后，系好安全带，发动车，准备开向儿子所在的A幼儿园。
>
> （2）李红沿着直行的道路一直前行，这时前方右侧的某个小道中突然出现一辆电动车，在前方划出一个大弧度之后，靠右边向前直行。虽然过程只有几秒钟，但是李红还是被突然冲出来的电动车吓到了，紧急打了方向盘并减速，所幸没有发生事故。该路口较隐蔽，两栋房子挡住了李红的视线，所以李红没有看到。镇定之后，李红继续前行，向儿子的幼儿园开去。——路边小道的视线受阻
>
> （3）李红继续行驶，前方车辆速度较慢，李红跟行了一段时间后觉得它会一直这样低速行驶下去，于是李红决定变道超车。李红看了看自己车后方没有车辆，于是她没有打转向灯直接变道至左边的车道，但此时前方的车辆也突然开始向左变道，李红立即按喇叭，但还是没有打转向灯，继续向左侧变道，前方车辆注意到后，回到了原来的车道。这次也是发生在几秒钟之间，但李红还是受到了惊吓。——变道的时候前方车辆也突然变道
>
> （4）在这个惊吓之下，李红继续前行，由于李红还没有从刚刚的紧急情况中摆脱出来，所以没有注意到前方的红灯，于是在临近十字路口的时候，采取了急刹车的操作。——开小差导致没有注意到红绿灯
>
> （5）这之后，李红继续前行，在快到达幼儿园的时候，她遇上了堵车，为了在儿子放学前赶到幼儿园，她想要超车，这时，她看到左边车道之间有空隙，于是她打转向灯，开始向左变道，这时左边车道后方的车立刻向前行驶了，李红看到没有足够的位置进行变道，打算回到原来的车道，但这时原先车道后方车辆也向前行驶了，原来车道也没有自己可以进入的位置，于是李红就尴尬地处于两车道之间，后来李红趁一辆车前行之时立刻打转向灯，回到了原来的车道。——在拥挤道路上试图超车，结果没有成功，处在两道之间的尴尬位置
>
> （6）这之后李红一直跟随车流慢慢前行。终于还有一个路口就要到了，这时她需要右转，由于有很多来接小孩的家长，行人和非机动车特别多，这个路口的右转和直行又是同时的，李红担心与行人和非机动车碰撞，所以开得特别小心，也特别慢，最后她终于顺利通过了路口。——右转的时候行人和非机动车直行，容易发生碰撞事故
>
> （7）在快到幼儿园门口的时候，道路基本被来接孩子的家长堵满了，李红一直在慢慢地前行，李红观察着周围的行人和非机动车，以及与前后车的距离，通过了人潮之后，李红想要找一个地方停车。——在比较拥挤的道路上，需要缓慢行驶，同时需要注意周围的行人和非机动车，停车位也不好找

（续表）

> （8）因为李红接完儿子之后会立刻走，所以她将车侧停在路边，为了找一个足够宽的空位，李红在距离幼儿园门口 500 米的地方找了个停车位，一边抬头看车后的情况，一边慢慢移动车，来回调整车的位置之后，李红终于停好，熄火，下车。但是下车之后，李红发现车轮没有回正，于是她又重新回到车上回正，最后才向幼儿园门口走去。
> ——停车的时候需要扭头看车后，停完车后却发现车轮没有回正，又要重新操作

综合案例：车载社交系统前期调研

简介：通过调查以广州地区为主的中国智能手机使用人群的使用习惯及偏好，探索智能手机应用程序在车载 GPS 终端平台上的可行性及优化设计。在市场调研与设计研究阶段，项目组通过对以广州地区为主的中国智能手机使用人群的调查，了解他们的使用习惯及偏好等（比如下载哪些应用，下载这些应用的目的是什么，怎样使用，那些现在没有的但如果增加会觉得很好的功能），并了解消费者希望在车内使用的应用，进行功能模块的设想。

1）车载导航国内市场及热门功能——文献检索

车载导航的市场分析

据报道，截至 2012 年第一季度，我国私人汽车拥有量已经达到 8650 万辆。全国乘用车销售量连年增长。2008 年至 2012 年 5 月底我国乘用车销量统计表如下。

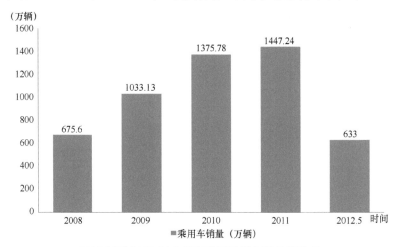

2008 年至 2012 年 5 月底我国乘用车销量统计表

随着汽车产业的发展，汽车导航产业也得到快速发展，作为汽车导航核心的导航电子地图在整个汽车导航产业链中占比 20%左右。

目前，国内拥有电子地图生产甲级资质的厂商有十二家，而真正能够提供电子地图的

只有七家，分别是：四维图新、高德软件、灵图、瑞图万方、凯立德、易图通、城际高科。

电子地图厂家

地图公司	地图品牌	主力市场	备注
四维	四维图新	前装导航	仅做数据
高德软件	高德	前装导航	地图和导航软件
灵图	天行者	——	地图和导航软件
长地万方	道道通	后装导航	地图和导航软件
凯立德	凯立德	后装导航	地图和导航软件
易图通	易图通	——	仅做数据
城际高科	城际通	——	地图和导航软件

汽车导航终端产品主要分为前装、后装、便携（PND）3 个领域。2010 年汽车导航终端出货量共 963 万台，其中前装导航出货量为 64.7 万台，比 2009 年增长了 41%；后装导航出货量为 448.4 万台，比 2009 年增长了 100%；PND 终端出货量为 449.9 万台，比 2009 年增长 103.6%。

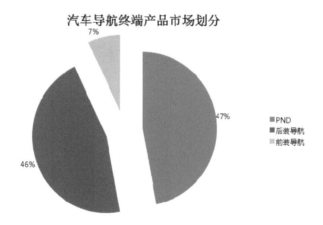

汽车导航终端产品市场划分

前装市场由四维图新和高德软件占主导，两者占据导航电子地图市场的 90% 左右，道道通位列第三，而其他图商的份额则很小。2011 年中国前装导航车销量约为 100 万辆，其中约 50 万辆使用四维图新导航电子地图，四维图新收入约为 3.73 亿元，同期相比增长1.17%；高德软件收入为 5.5 亿元。

后装市场中，道道通占 42.65% 的市场份额，其次是凯立德，占 34.02%，高德和四维图新则分别占 13.05% 和 7.91%。

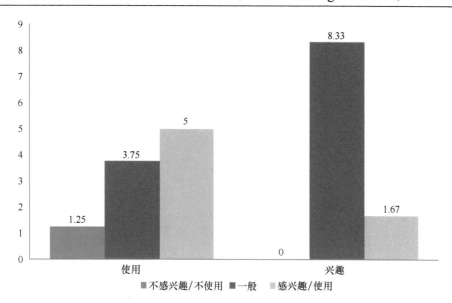

前装导航电子地图市场划分

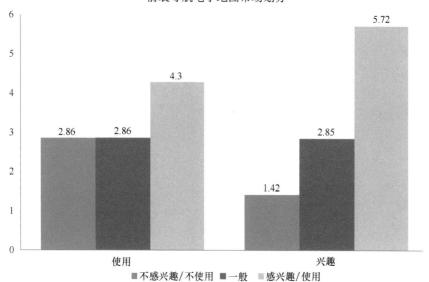

后装导航电子地图市场划分

PND 市场上，2011 年凯立德的占有率为 68.40%，万禾、E 道航、昂达、京华、善领等国内 PND 市场主流硬件品牌大多为凯立德客户，其次为道道通，其他图商所占比例不大。

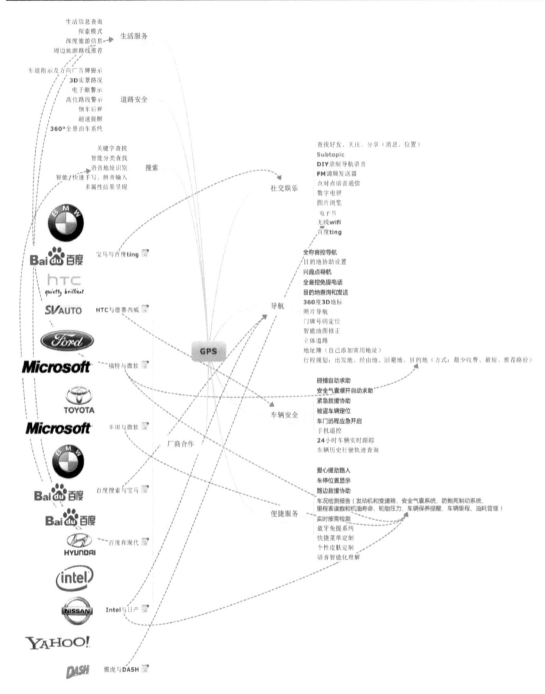

车载 NAVI 功能点

随着我国交通网络的不断建设，每年地图内容至少要更改 30%～40%，对于电子地图制造商来说，既是机遇又是挑战，但鉴于老牌图商的资质和实力，能做大图商并不多。目前电子地图制造商的差异化竞争主要体现在地图信息的深加工和电子地图的附加值的提高上。例如，高德软件利用其导航专业性为智能手机及相关设备市场投入开发资源，开发基于无线定位的媒体平台，把移动导航和地图应用大量安装到 Android 手机上；2012 年 4 月 25 日，四维图新正式推出语音和 ADAS 地图数据，为车辆行驶提供精确的位置支持。

导航电子地图的发展有以下三种趋势，一是由自主导航向网络导航发展；二是由单一导航信息向综合信息服务发展；三是由二维平面向三维实景导航发展，如 2010 年道道通推出了 e 都市式的 3D 实景导航电子地图。"一键导航"（Telematics 服务的一小部分）也吸引了大批的图商。

2）车载 NAVI 功能点及汽车厂商与 IT 公司合作情况——竞争产品分析

根据前期查找的文献资料和调研，可以总结出目前市场上现有车载 NAVI 所有的功能点，做出图表，并且了解目前市场上汽车厂商和 IT 公司的合作情况，以及他们合作的大致功能方向。

从汽车厂商与 IT 行业合作的分析表可以看出，未来车载系统智能化已成大势。未来的汽车将不再只是一个交通工具，而是具备运算和通信能力的终端，必定会与 IT 行业合作制造出带车联网的智能移动终端。

经过查询资料和该图表的分析得出汽车厂商与 IT 行业合作的侧重点在于车联网与车载的结合，通过车联网构建导航、生活服务信息、车检等便捷服务与社交娱乐一体的综合应用。

3）实地问卷调查与访谈——问卷调查

为了进一步对行车过程中的潜在功能需求进行排序，并验证创新功能点的可行性以及用户市场，项目组进行了一次小规模的实地问卷调研，调研地点主要集中在广州永福路汽车用品卖场以及机场南，针对的对象为卖场销售人员以及年轻、有开车经验的白领；通过定量分析，最终得出用户行车过程中的功能点需求，进而为我们的创新功能点的提供依据。

调研问卷

第一部分　个人信息

年龄	◎20-25 岁　◎26-30 岁　◎31-35 岁　◎36-40 岁　◎40 岁以上		
性别	◎男	◎女	
职业	◎_____		
驾龄	◎_____	◎无	

第二部分　智能手机使用情况调查

1．你使用的智能手机操作系统是？

    A．安卓　　　　　　　B．苹果 iOS　　　　C．WindowsPhone7

    D．WindowMobile　　E．塞班　　　　　　F．黑莓

2．你使用的手机运营商是？

    A．中国移动　　　　　B．中国联通　　　　C．中国电信

3．你使用的上网方式是？

    A．GPRS　　　　　　　B．3G　　　　　　　C．WIFI

请判断下面选项是否符合你目前的手机使用状况。请在对应数字上打钩（√）。

	完全符合	比较符合	一般	比较不符合	完全不符合
1．我喜欢用手机看书	5	4	3	2	1
2．我经常更换手机壁纸或者主题	5	4	3	2	1
3．我喜欢随时随地拍照，有时上传到人人、微博等软件来记录生活	5	4	3	2	1
4．我喜欢下载视频到手机观看	5	4	3	2	1
5．我觉得手机类似摇一摇、漂流瓶等功能很好	5	4	3	2	1
6．我喜欢用语音控制手机	5	4	3	2	1
7．我经常用手机在线听音乐	5	4	3	2	1
8．我常用手机查看天气	5	4	3	2	1
9．当我到一个陌生的地方时，我会用手机来查找附近的餐馆、酒店等本地服务场所信息	5	4	3	2	1
10．我常用手机导航来找我想去的地方	5	4	3	2	1
11．我喜欢使用手机进行视频通话（排除资费、像素等因素）	5	4	3	2	1
12．相比看新小说等，我更喜欢听新闻	5	4	3	2	1

第三部分　开车情况调查

（1）请判断以下困扰在你开车过程中出现的频率。请在对应数字上打勾（√）。

	经常	一般	偶尔	完全没有
1．使用手机不方便	4	3	2	1
2．找不到厕所	4	3	2	1
3．找不到餐厅	4	3	2	1
4．找不到目的地	4	3	2	1
5．天气不好干扰行程	4	3	2	1
6．感觉开车枯燥	4	3	2	1

（续）

	经常	一般	偶尔	完全没有
7. 遇到交通事故后求助困难	4	3	2	1
8. 找不到停车位	4	3	2	1
9. 行驶中遇到事情不能马上处理	4	3	2	1
10. 遇到其他车辆不遵守交通规则	4	3	2	1
11. 疲劳驾驶	4	3	2	1
12. 他人的指路描述不清楚	4	3	2	1
13. 在同行车队中或别人掉队	4	3	2	1
14. 遇到交通临时管制、限行	4	3	2	1

（2）以下描述是否符合你的情况。请在对应数字上打勾（√）。

	完全符合	比较符合	一般	比较不符合	完全不符合
15. 我希望能在车上进行视频通话	5	4	3	2	1
16. 我希望获取实时停车位信息	5	4	3	2	1
17. 我希望行车前显示路况信息	5	4	3	2	1
18. 我在行车时希望获取天气情况	5	4	3	2	1
19. 我希望行车时获得生活信息（优惠、新闻、微博等）	5	4	3	2	1
20. 发生交通事故时我可以迅速地寻求救援	5	4	3	2	1
21. 我希望能通知我近期的违章情况	5	4	3	2	1
22. 我希望在地图中查看车队队友的位置	5	4	3	2	1
23. 我希望行车过程中能了解我的日程安排	5	4	3	2	1
24. 我希望车内有一个在线听歌的音乐播放器	5	4	3	2	1
25. 我希望我的导航仪能够连接网络	5	4	3	2	1
26. 我希望我能通过语音操作某些功能	5	4	3	2	1

（3）假如你的汽车具有以下功能，根据字面描述，请判断你是否感兴趣，请在对应数字上打勾（√）。

	感兴趣	比较感兴趣	一般	比较没兴趣	完全没兴趣
27. 行车漂流瓶（在同一地点分享、接收他人分享的信息）	5	4	3	2	1
28. 防疲劳驾驶（长时间开车提醒）	5	4	3	2	1
29. 美食地图（特色美食店面显示与导航）	5	4	3	2	1
30. 车内卡拉 OK	5	4	3	2	1
31. 实景导航	5	4	3	2	1

（续）

	感兴趣	比较感兴趣	一般	比较没兴趣	完全没兴趣
32. 车载视频聊天	5	4	3	2	1
33. 手机发送定位接人（手机发送位置给车载系统）	5	4	3	2	1
34. 根据天气和地理位置等信息播放音乐	5	4	3	2	1

4）筛选后功能点描述

根据网络问卷结果以及调研对象评价，我们从初期的功能点中提取了其中用户评价较好或较为关心的功能，以备进行进一步的功能设计。

功能点	受访者关心的问题
路况	（1）及时性：路况信息及时更新（如及时提醒所选路线的交通问题/该路段的限行信息）； （2）有效性：同时具有语音和图像两种传递方式
快速救援	（1）有效性：利用 GPS 发送确切的地点信息；拍摄车内具体情况并发送；可以直接语音通话； （2）及时性：可以与车辆的整体系统连接，当车辆遭遇撞击或损坏到一定程度之后自动报警； （3）容错性：平时不能随便按到
找车位	（1）可行性：该应用能否实现； （2）及时性：空车位能否即时更新
实景拍摄导航	（1）可行性：实现起来有点难； （2）价格问题：担心价格昂贵
提供行车地点的景点，餐厅，住宿，团购等的推荐信息	（1）信息全面性：洗手间、餐厅、超市；优惠信息； （2）安全性：担心会影响行车安全； （3）实用性：部分受访者表示这方面信息会在事先规划好（问朋友），部分觉得使用的频率不高
备忘录同步	（1）便捷性：方式一定要让我最快速、最便捷地记录和查看备忘录； （2）隐私性：不希望泄露自己的隐私（如果是语音播报的话会涉及隐私的问题）
远程协助	（1）可用性：最want让协助者看到用户的场景，直接在地图上画路线传输过来；网速是一大制约因素； （2）实用性：部分受访者表示实景导航用处不大。3D 地图显示已经足够； （3）可行性：极小部分受访者怀疑这种功能不能实现
行车漂流瓶	（1）实用性：一般无聊的时候才会用漂流瓶，所以只在塞车或等人的时候才会使用； （2）可信度：可以有条件地搭配，有选择性，希望可信度比较高
通讯录匹配	隐私问题：可以知道通讯录中的好友在哪，会涉及个人隐私
语音日程	（1）优点：方便，实用 （2）缺点：担心会分散注意力，影响行车安全
K 歌达人	（1）可视性：车载的界面一般较小，歌词显示成问题； （2）实用性：觉得没有必要，只是在开车无聊的时候才会使用； （3）安全性：开车的时候 K 歌会影响行车安全
车载会议	（1）安全性：影响行车安全，最好在停车的时候使用； （2）必要性：大部分人表示估计没有需求，因为没有必要；小部分表示有用。 采访对象的主体为学生和企业职员外勤这一因素也有可能是影响因素。而实际上，采访过程中部分对象表示，若此功能是在停车之后才可以启动，他们也愿意尝试

第 4 章　用户研究（User Research）

与传统的设计学科主要关注产品的形式和外观不同，交互设计首先关注的是行为方式的定义，然后描述传达这种行为的最有效形式。作为交互设计师，要想了解用户使用产品时的行为特点及习惯，冥思苦想是没有用处的，我们需要走出工作室，通过各种"明察暗访"的手段，直接或间接、正面或侧面地与用户进行广泛的接触，倾听用户的心声，探知用户的需求，包括用户调查和用户建模两个部分。设计人员在用户研究阶段参与，能够比心理专家、调研专家更加准确地知道获取哪些用户信息是重要的，哪些信息对设计方案会造成影响，并反映到用户模型中。

4.1　商业

这一部分研究主要针对我们的顾客或者使用者展开调研，一般来说，目标用户指的是使用者，他们是真正接触并与产品发生交互行为的人，他们的需求和意见在很大程度上会影响到产品的最终设计。顾客可能是产品的购买者或者拥有者，他们虽然不直接与产品接触，但他们对于所在行业的知识储备以及运营经验能为我们的设计提供帮助和指导。

民族志（Ethnography）

民族志是文化人类学特有的一种研究方法，是一种在自然生活环境中研究用户的系统方法。民族志通过描述一个种族或群体及其成员的文化和生活、他们的行为模式以及如何交往等问题，真实地揭示该群体成员在自然状态下的文化习俗和生活方式的原貌。[①]在设计中，运用民族志方法长期观察用户的行为及生活习惯，能够帮助发现用户潜在的需求。

民族志与自然观察不同，民族志需要设计师像人类学家一样，深入用户，与用户一同生活一段时间，记录用户的生活习惯和行为特征。如果没有长期观察用户的条件，设计师会使用一些记录工具，比如摄像机、一次性照相机、日记本等，请用户自己记录下生活的细节，打包交给设计师。

---

① 余芳艳. 民族志意义上的课堂观察研究. 浙江师范大学硕士论文. 2011.

设计案例：

来自 UxLab 2014 汽车安全驾驶研究项目，为了验证在前期调研阶段总结的安全驾驶问题的重要性和需求的普遍性，项目组使用民族志方法进行了一系列长时间的驾驶员驾驶观察，用视频和访谈的形式记录驾驶员在驾驶过程中的行为和驾驶习惯。以下图片来自视频记录的截图，清晰地展示了驾驶员的开车行为细节。

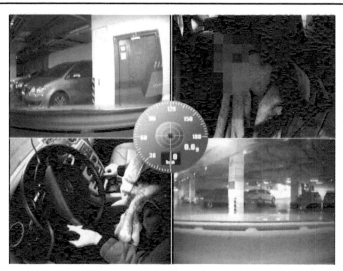

受访驾驶员正将汽车开出车库

受访驾驶员以 60km/h 的速度在直路上行驶的情况

用户深度访谈（User in-depth Interview）

研究人员与典型用户进行直接的、一对一的访谈。访谈问题比一般访谈更为深入细致，以挖掘用户对某一问题的潜在想法、动机及态度。深度访谈通常要持续半小时以上，所以舒适的访谈环境、访谈人员的话语态度以及茶水零食供给都是必不可少的要素。在访谈过程中，根据访谈者想要了解的内容将问题分成不同的类别，从简单到复杂、从基本感知到使用体验和改进建议，逐步地发问。主要根据访谈提纲提问，现场可以根据用户的回答拓展问题从而获得更多的信息，有些可能是访谈者事先疏漏的重要问题。

在访谈结束之后，不要忘了感谢用户的支持并赠送一些小礼物或给予报酬。深度访谈属于定性研究的方法。用户深度访谈的优点主要有：更深入地探索被访者的内心思想与看法；将身体语言与被访者直接联系起来；信息交换更自由。深度访谈的缺点主要有：一是能够做深层访谈的有技巧的调查员（一般是专家，需要有心理学或精神分析学的知识）很昂贵，也难于找到；二是调查的无结构性使得结果容易受调查员自身的影响，其结果质量的完整性也依赖于调查员的技巧；三是结果的数据常常难以分析和解释，占用的时间和所花的经费较多。

设计案例：

来自 DMRC 2012 年商务随行移动客户端优化项目。该客户端主要用于营业员购买公司对外销售的商品，已有客户端的购买流程与网页版基本上保持一致，在移动设计和使用场景的角度上显得冗余，项目组对购买流程进行简化后，进行了原型的可用性测试，并在结束后对用户进行了一次深度访谈，以获得更多用户深入的态度以及对优化版本的意见及建议。用户深度访谈中的问题设计以及访谈结果处理如下表所示。

访谈对象：营销人员

人数：6

访谈结果分析：

深度访谈问题整理与分析（Collection and Analysis of Question on Depth Interview）

问　题	期望了解的内容	结果及相应比例	结论及相关建议
1. 请问您使用过"商务随行"软件吗？您主要用它来做些什么呢？（有没有购物的经历）您周围使用的人多吗？他们一般用来干什么呢？您一般在什么情况下会使用商务随行来购物呢？	在何地何情境下会使用商务随行软件进行下单	计划或现在已经有智能机的情况：6/6 用过 app 的与没有用过 app 的比例：5/6 用 app 查业绩：3/6；看公告：1/6；浏览产品信息：3/6；向顾客介绍：1/6； 周围人使用 app 情况：少，5/6；多，1/6； 周围人用来查业绩：3/6；看产品：1/6；基本都说很少购物	访谈用户为目标用户，在线购物功能吸引力有待提高

（续）

问　题	期望了解的内容	结果及相应比例	结论及相关建议
2. 是否在网上下单，为什么？	用户使用线上下单方式的动机	用过易联网购物的比例：6/6　使用原因：偏远地方送货更快捷：1/6；家居送货方便，月尾赶业绩方便：1/6；送货方便：1/6；物品太重时送货方便，2000元门槛很低：1/6（共四个人提到送货方式）	便利性与地理因素决定用户的购买方式
3. 在客户没有下订单的情况下，会不会自己先买好一些产品以便随时提供货品呢？一般是根据以往顾客的购买情况，还是产品热销程度或其他呢？	用户使用商务随行软件下单的时间点	会提前存货的比例：6/6　理由：存够2000元一起买，1/6；客户需要，5/6	用户一般会根据用户需求不定时地补充储备产品
4.下单次数多不多，每个月什么时候下单多？一般每单中有多少样货物？购买产品时你最关心什么（总价、净营业额、积分）？	用户一般的下单量如何以及对操作过程的影响	下单频率：不固定，4/6；2～3次每月，1/6；不超过5次，1/6；　单笔订单货物数量（1人提及）：2～3箱；　单笔订单金额（2人提及）：2000～4000元/单，1/6；最多时2万元/笔，1/6；　关心的采购因素：不关心，1/6；销售指数-业绩比例，2/6；是否满足客户需求，1/6；净营业额，2/6；总价，2/6	用户下单量大，且较为关心产品销售指数
5.一般下单购买的产品是否有规律性，重复购买一类产品的情况多吗？	用户下单的产品类型	会重新下单的比例：6/6；会重新下单的理由：商品受欢迎，6/6	优化时应添加并完善"重新下单"功能
6.您在使用"商务随行"购物的时候，有没有遇到过在最后下单的时候发现没库存的情况呢？（这种时候多吗？您遇到这种情况一般是怎么解决的？在下单时，有没有习惯使用商务随行"检库存"按钮，查一下库存再下单？）	库存量功能对于用户来说的重要性如何	遇到无库存的情况比例（共5人回答）：4/5；没有遇到：1/5	库存是用户购物中的重要关注点，优化时应完善检库存功能

（续）

问题	期望了解的内容	结果及相应比例	结论及相关建议
7.您在下单之前会不会事先确认好下单方式（下单方式：家居送货和店铺自提） "店铺自提"的付款方式是怎样的呢？生成订单后必须网上支付还是到店铺付也可以？ 一般选择"店铺自提"还是"家居送货"？"家居送货"时一般倾向于送到自己家、工作室、伙伴家还是客户家？一般的优先次序是什么？	下单方式	下单方式是家居送货的比例：6/6； 自己家里：4/6； 办公室：3/6； 1 名受访者提到两种情况都有，但是家里的情况比较多	多数用户采用"家居送货"的配送方式，优化时应将"家居送货"作为首要配送方式
8.您有没有帮您的伙伴下过单呢？这种情况多吗，大概一个月多少次，一般在什么情况帮伙伴下单？（用什么方式帮助别人下单呢？有用过"商务随行"帮别人下单吗？）	是否需要提供用户拼单的功能	有帮别人下单的经历：6/6； 很少会帮人下单：2/6； 帮人下单的频率（2 个回答）：1 个帮别人下过几次单，1 个帮人下过很多单； 帮人下单方式：易联网 2/6；店铺 1/6	用户为伙伴下单行为较普遍，优化时应注意该功能的强化
9.您是否使用过"合并订单"功能呢？（您一般的操作流程是怎样的呢？您有试着使用"商务随行"完成这项操作吗？）订单是怎么合并的？如何付款呢？合并订单是不是伙伴的产品生成一个订单，你自己生成一个订单，然后一个人支付呢？	合并订单功能的需求	如何理解帮人下单： 家近的几人购买一起付款，送到一人地址：1/6； 多选订单一次性支付自己+伙伴：1/6； 给自己合并多笔支付，未给伙伴支付过。认为"追加"操作有必要：1/6； 合并支付：1/6； 没有留意：1/6	用户对"帮人下单"概念不甚清楚，优化时可以操作代替按钮功能
10.您是如何理解"历史订单"中"付款中"这项功能的呢？您觉得"未付款"和"付款中"这两个状态有什么区别？	订单管理模块的设置是否合理	付款中的概念：不理解，2/6； 是否付款成功：1/6； 不关注，不担心扣款失败：1/6	用户对"付款中"功能认知度低，建议舍弃或优化
11.会经常使用"二维码购物"吗？您觉得方便吗？	二维码的设置	不使用二维码的比例：5/6； 了解过二维码的工作过程：1/6	

（续）

问　题	期望了解的内容	结果及相应比例	结论及相关建议
12.您更倾向于用哪种方式支付（到店铺直接支付、支付宝、银行自动转账）	支付方式的优先级	支付方式：支付宝，4/6；信用卡，2/6；1 名用户选择支付宝支付方式，从未使用过其他两种使用方式	多数用户使用"支付宝"支付方式，建议将"支付宝"作为首要支付方式
13.据我们了解，你们的一个账号会对应一个家居送货地址。那么你有遇到过需要更改地址的情况吗？（一般是怎么更改的呢？觉得该软件有没有必要添加一个修改地址的功能呢？）	是否需要添加更改配送地址这个功能	不需要更改地址：2/6；很少需要更改：2/6；为没办卡的客户送货时有需要：1/6	用户有更改地址的需求，但较少使用

专家访谈（Expert Interview）

专家访谈法是通过对某领域的专家进行访谈，有代表性地收集经验丰富的专家型用户的意见和想法，在短时间内对将要进行设计的新领域有必要的了解，作为改进或者创新的参考依据。

专家应具有以下特征：

第一，一般应有 10 年以上的专业经验，在某个产品领域的行为方面具有代表性，熟悉各种功能，能够全面熟练地完成各种任务，能够用捷径完成任务；

第二，具有计算机和任务的全局性知识，了解行业情况，了解该产品的发展历史，能够评价和检验该产品；

第三，不仅熟悉一种产品，而且了解同类产品，能够进行横向比较，分析特长、缺点等情况；

第四，具有某些操作经验，有创新能力，考虑过如何改进设计。

专家访谈的主要目的有两点，一是使设计师能够尽快了解该行业全局情况、发展情况，了解用户需要，了解该产品的研发过程、设计过程和制造方面的情况及问题（如何入门，如何做事情，经验性的判断和结论，这个做法是否可行，大概会出现什么问题，有几分把握）；二是专家用户有丰富经验，掌握可用性方面的系统经验（全局性、评价性、预测性的问题）。

专家访谈的方法中，以创新为产品最终目的，多采用面对面访谈的方式，以开放性问题为主；以改进产品最终目的，多采用度量问卷的方式，由专家评价和检验。

在运用专家访谈法的时候，需要按照一定的步骤。

设计案例：

2014 年来自 UxLab 基于 Zspace 平台的虚拟航天培训系统设计，该系统的使用者是流水线装配工人，项目组希望通过航天专家关于航天培训行业和装配工人的专业知识及看法，了解系统用户的现有需求、潜在需求及行业前景。下文列出的是问题清单，通过需求因素的分级确定访谈的问题。

专家访谈流程图

专家访谈流程

问题列表

一级因素	二级因素	问题
全局性	行业	1．军工制造业的发展历史如何？（重点：如何从工程图模型转化为实体工业产品）
		2．在什么阶段需要此类训练软件/工具的辅助？
		3．会使用哪些工具/软件来研究飞船的构造？它们有哪些不足之处？
	用户	4．软件/工具最主要的使用人群有哪些？
		5．他们用这款软件/工具的目的是什么？
		6．他们用这款软件/工具想要完成什么任务？想要了解哪些信息？
评价性	功能	7．您使用过的软件/工具会提供哪些功能？
		8．现有的这些功能能够满足您或主要使用人群的需要吗？
		9．有没有哪一些功能您觉得基本用不上，根本不需要？另外还缺少哪些必要的或者有需要的功能？
		10．功能组合是否符合任务链？（根据前面所提的任务）
	界面	11．在您使用过的软件/工具中，有没有哪一款的界面使您印象深刻？请大致描述（界面上都有哪些元素）
	交互	12．在您使用过的软件/工具中，一般的操作是怎么样的？
		13．在您使用过的软件/工具中，导航的菜单结构一般是怎么样的？应该细分到什么程度？
		14．在您使用过的软件/工具中，一般使用哪些反馈方式引导用户的使用？（语音、颜色、弹窗……）
预测性	功能	15．"虚拟全息3D"的显示方式对于用户目标会产生哪些辅助作用？
		16．您认为用户对这种解决方案的期待是什么？
		17．除了显示模型的结构及部件，您认为用户还需要哪些功能？比如自定义组装、剖面图等。
	界面	18．用户希望在什么位置显示意图引导？按键上、按键旁、屏幕上部、屏幕下部等。
		19．某个部件的信息是否需要实时显示？
		20．若对不同结构的部件以颜色区分，是否必要？

（续表）

一级因素	二级因素	问　题
预测性	交互	21. 用户对各种功能希望提供哪些意图引导？
		22. 是否有必要显示部件索引目录？
		23. 用户在使用过程可能会出现哪些非正常情景？

神秘顾客（Mystery Customer）

神秘顾客是由经过严格培训的调查员，在规定或指定的时间里扮演成顾客（见图4-2），对事先设计的一系列问题逐一进行评估或评定的一种调查方式。通过神秘顾客，能够将委托方服务终端的真实现状反馈出来。神秘顾客研究产品和品牌的价值，提升客户各网点商业流程运作的规范性，最终达到增强客户市场竞争力的目的。神秘顾客的方法也经常运用在设计师对设计产品缺乏了解的前期阶段，由服务人员在某种程度上扮演着"产品专家"的角色，向他们询问，可以加深设计师对该行业的了解，包括功能、价格、方式、趋势等，并了解目前消费者普遍关心的问题，重视的功能以及最常使用的功能。

项目组成员扮演成"神秘顾客"

神秘顾客方法的优点主要包括以下三个方面：

（1）提高商业流程运作的规范性

● 　提供最前线的商品、服务质量和顾客满意度的信息反馈。

- 发现产品运作中的缺陷，进一步完善产品。
- 监测设备使用情况——设备的维护。
- 客户与竞争对手各项指标的优劣势分析。

（2）提高顾客满意度和忠诚度，增加顾客重复购买

- 监测和衡量服务的表现，提高顾客忠诚度。
- 确保顾客与前线员工的关系保持良好。
- 保证产品/服务传递的质量。

（3）增加产品和品牌的价值，提高产品销量

- 补充市场调研的数据。
- 提供竞争对手数据，分析市场的竞争环境。[①]

设计案例：

　　来自 DMRC2012 年车载社交项目，通过调查以广州地区为主的中国智能手机使用人群的使用习惯及偏好，探索智能手机应用程序在车载 GPS 终端平台上的可行性及优化设计。项目组为了对事先设计的一系列问题逐一进行评估和调查，扮演成神秘顾客，在广州汽车用品商店最密集的商铺地段进行车载 GPS 终端的调研。由于现场销售人员在某种程度上扮演着"产品专家"的角色，向他们询问，加深了对该行业的了解，包括功能、价格、方式、趋势等，并了解目前消费者普遍关心的问题，看重的功能、最经常使用的功能。本次调研主要去了飞歌汽车导航、E 路航、OWA 欧华导航、畅安 S、现代 NAVI 导航等当今主流导航仪的商铺。

　　调研总结：

> 根据销售人员反馈，用户最常用到的功能为导航>收音机>媒体播放盘；
> 少有能联网的车载系统，能联网的 NAVI 价位普遍较高，且反响不好；联网主要通过 3G 上网卡，不过联网是趋势；
> 很少有可以语音控制的车载系统，不过也是未来的方向；
> 目前市场上绝大数的车载系统还体现不出"智能"二字，体验不好，如最基本的滑动较卡，电阻屏触摸不灵敏等；
> 目前车载系统的地图厂商主要使用凯立德或者道道通，正版 NAVI 地图更新需要花钱，一般在 200 元左右，一年更新一次；
> 车载嵌镶式导航相比便携式导航多出的功能仅是蓝牙通话、影碟播放、倒车视频等，没有较创新的功能。便携的一般都会带 WiFi。

---

① http://market.chinairn.com/shenmiguke.html

用户建模（User Modeling）（Activity 模型）

用户模型用于描述用户交互行为过程、认知过程以及所需要的系统条件。心理认知包括感知、思维、动机、态度等方面，每一个因素都可能影响到用户任务的完成过程。

活动理论可以帮助我们更好地分析用户的心理。活动理论（Activity Theory，AT）起源于 20 世纪二三十年代苏联心理学大师维果斯基（Lev Vygotsky，1896-1934）的"文化-历史心理学"思想，他的追随者列昂节夫（Leontiev A.N.，1903～1979）以此为基础提出了活动的概念和活动的层次模型。文化-历史心理学的核心思想是人的内部思维由外部实践活动转化而来，所以内部思维活动与外部实践活动具有相同的结构，因而可以通过研究人的活动来研究人的心理。

一个活动模型包括以下几个要素：主体（活动的执行者）、客体（被操作的对象，指引活动方向）、结果、工具（客体转换过程中使用的心理或物理媒介）、规则（对活动进行约束的规则、法律等）、共同体（由若干个体或小组组成，对客体进行分享）、分工（共同体成员横向的任务分配和纵向的权力地位分配）。此外，六个元素可以组成四组"子活动三角"，反映了一个产品或系统的不同层面。

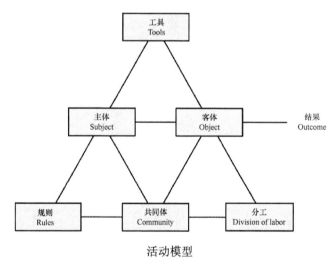

活动模型

设计案例：

来自 DMRC 的硕士生论文《Integrating Activity Theory for Context Analysis on Large Display》，笔者主要研究在大屏幕显示环境下的情景分析，借助活动理论模型的四组"子活动三角"，探究系统中用户的行为。

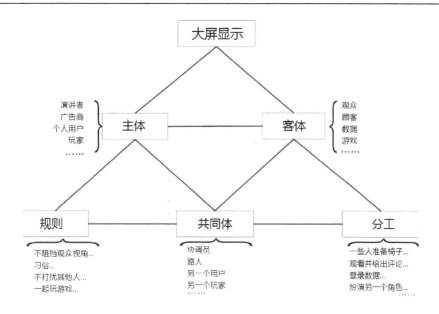

大屏幕显示下的活动模型

4.2　信息

这一阶段的信息主要来自用户，无论是通过访谈、问卷、观察还是其他的形式，我们都能采集到很多来自用户的信息。在我们的印象中，用户总是有说不完的需求，总是对产品有很多的抱怨，作为专业人士，我们不能一味地听取用户的意见，在收集用户需求后，需要做好信息过滤与整理的工作，梳理出优先级最高的、实现意义最大的用户需求点。

五个为什么（the Five Whys）

在与用户对话的过程中，针对问题连续问五个"为什么"，可以很好地引导用户去探究和解释他们的行为或者态度的深层原因。这里的"五"并不是指数字五次，而是反复提问，直到找出根本原因。这种方法用于探究造成特定问题的因果关系，其最终的目的在于确定特定缺陷或问题的根本原因。

在运用"五个为什么"方法的时候要注意以下几点。

（1）不是一定要准确地问完五个为什么，如果在提问到第三个或第四个为什么的时候获得的答案已经是根本原因的话，就不需要继续问下去了；同样地，如果问完五个为什么之后还没有得到答案的话，还可以继续问下去。简单来说，"五"代表反复提问，不是具体的数字。

（2）"五个为什么方法"可以多人同时参与。比起一个人不断地问为什么，多个人一起参与的话会得到更多有创意性的答案，而且在答案较多、存在分歧的时候，小组更能把握住项目的目的。在确定最后的答案是否是根本原因时，小组的决定会更加可靠。

（3）这种方法有一个缺点，它得到的答案并不科学，只是根据个人的观点和看法得到的答案，所以一般不会只使用五个为什么这种方法。不过可以用五个为什么分析某一个问题，如果要确定分析的结果是否准确，可以借助其他的方法。

（4）当访谈者不知道如何回答问题的时候，找一个了解的人回答。[①]

设计案例

在设计某家纺品牌的网站时，为了确定网站的导航方式，项目组使用五个为什么，探究用户选择商品背后深层次的购买动机。如下图所示的思维流程，我们可以发现该用户在购买家居用品时，首先考虑的因素，也是最重要的因素，是为谁而买，这一需求点应该在后续的功能设计中有所体现。

层次任务分析（Hierarchical Task Analysis）

层次任务分析是自顶向下的任务分析方法，从一个具体的目标开始，然后添加完成这个目标需要的任务或子目标，建立包含各种步骤的任务流程图。

---

① http://www.velaction.com/5-whys/

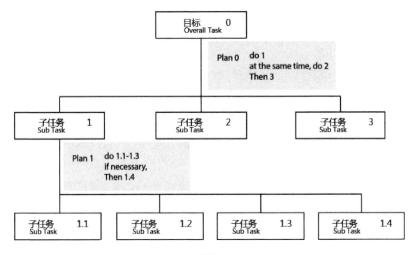

HTA

- 一个任务在另一个任务之上，描述了我们要做什么。
- 一个任务在另一个任务之下，描述了我们如何去做。
- 计划控制子目标之间的流动。

设计案例：

如下图所示，上班路上听音乐的 HTA 分析可以分解为 6 个子任务，第 4 个子任务又可以分解出 7 个子任务，通过一步步地分解，我们可以看到用户听音乐的任务流程，便于从中挖掘需求的痛点。

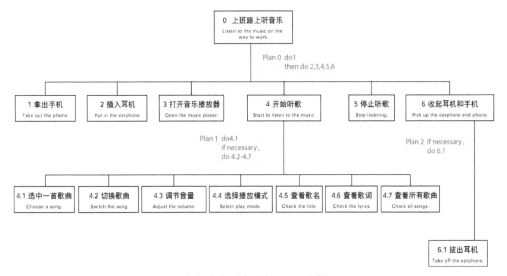

上班路上听音乐的 HTA 分析

4.3　设计

这一阶段的设计主要是设计一些场景或使用环境，在其中收集用户的行为及其习惯，并使用一些模型化的方法刻画用户画像。

自然观察法（影随法）［Natural observation (Shadowing)］

自然观察法，又称影随法。使用自然观察法时，研究人员在征得用户同意后，在用户日常工作生活时像影子一样跟随他们一段时间，不打扰他们，记录他们日常生活中的常规事务、互动和背景。持续的时长可以是一小时也可以是一整天，视研究目标和产品的复杂度而定。通过影随可以发现和了解他们日常生活，探索设计机会，展示产品如何影响用户的行为。通过观察获得的数据可能更加可信，因为是在真实的用户环境中观察到的。

自然观察法要点：

- 不要打断或者影响用户的行为；
- 记录用户最自然的与产品交互的行为；
- 深入理解用户行为并挖掘背后的动机。

自然观察法流程如下：

（1）准备好核心问题。确定好核心问题有助于研究人员集中注意力在有价值的观察上，并防止研究人员同等对待每个观察。

（2）选择研究对象，确定研究时间。如果影随时间较长的话，可能会涉及被追踪用户的隐私问题，因此在进行影随前，需要留出时间来与用户讨论隐私问题并处理其他相关事宜。

（3）开始影随。影随的时长可以是一小时，也可以是一整天。在进行影随的同时，做好记录，可以通过拍照、录音、摄像、书写等形式，需要注意的是，在记录的时候，不能影响研究人员和参与者之间的关系以及参与者的行为。记录的对象一般可以从活动、环境、互动、物件和用户这几个方面考虑。

（4）及时总结观察结果。时间一长，或者在进行几轮影随之后才进行总结的话，容易把观察到的内容混淆，所以高效的方法是，在影随完每个参与者之后，安排出 15 分钟的时间来总结他们所了解到的内容。

设计案例

案例来自 DMRC 的一篇硕士论文《休闲运动的移动社交行为研究与设计》，作者在设计休闲运动的移动社交应用之前，为了更加深入地了解运动者的行为，选出具有代表性的用户进行影随，观察运动者在运动过程中与社交相关的行为。

影随法观察重点提纲

观察重点	详　情
地点	- 观察运动地点 - 观察是否有休息点
设备	- 观察用户拿了什么设备 - 用户如何使用该设备 (例如怎样装备或者怎样拿着…) - 观察用户在拿着设备的时候是否改变了动作
交流	- 用户在运动时什么时候和别人交流 - 如何交流（电话、短信、直接交谈……） - 怎么和其他陌生人交流
动作	- 运动前做什么 - 运动后做什么 - 是否有不可预期发生的行为

影随法调研对象的行为流程

体验测试（Experience Test）

体验测试用于测试一个服务是如何被测试人员体验的，观察人员的体验过程，并在之后对其进行访谈。可用于设计的不同阶段，通过对设计环境中设计条件的模拟，对设计概念或细节进行测试。

要点：

测试人员的行为；

记录他们的想法和感受；

在尽可能接近真实服务环境的场景里体验，或者就在真实环境中完成体验。

流程如下。

第一阶段：测试前的准备。

（1）编写测试脚本

测试脚本主要是指用户测试的一个提纲。测试脚本最基本的就是制定测试任务。任务的制定一般由简至难，或者根据场景来制定。

（2）用户招募+体验室的预定

用户是必不可少的，进行一场用户测试一般需要 6～8 人，根据具体情况可以酌情增减。用户要选择目标用户，也就是产品的最终使用者或者是潜在使用者：如年龄要符合产品的目标年龄层，男女比例要符合产品目标用户比例，并且将来会使用或者是很可能使用该产品的目标用户。

第二阶段：进行测试。

测试时需要一名主持人在测试间主持测试，1～2 名观察人员在观察间进行观察记录。测试过程需要录音、录屏，以备后期分析。测试时，尽量不对用户进行太多的引导，以免影响测试效果。

（1）向用户介绍测试目的、测试时间、测试流程及测试规则。

（2）用户签署保密协议+用户基本信息表。

（3）让用户执行任务：给用户营造一种氛围，让用户假定在真实的环境下使用迷你屋。并让用户在执行任务的过程中，尽可能地边做边说，说出自己操作时的想法和感受。

（4）用户反馈收集。基于用户执行过程中的疑惑进行用户访谈，收集原因。

（5）致谢。

第三阶段：测试后总结。

测试后需要进行测试报告的撰写并开会将测试结果与相关人员进行分享。

主持人与观察人员要进行即时的沟通，确定致命的可用性问题与一般的可用性问题，并汇总简要的测试报告，以抛出问题为主，不做过多的建议。报告确认后，召开会议，将测试结果与产品经理、交互设计、页面制作、开发、测试人员进行分享。确定在产品发布前需要进行优化的具体问题，并将对应的问题分类，确定解决问题的关键人。

设计案例

案例来自 2012 年 DMRC 会议系统设计项目，项目组为了深入了解使用会议系统的本地会议和远程会议的场景特点和用户使用流程，进行了多次模拟场景的体验测试。此次测试在没有做概念设计之前进行，使用最简易的材料，旨在快捷地模拟使用场景。

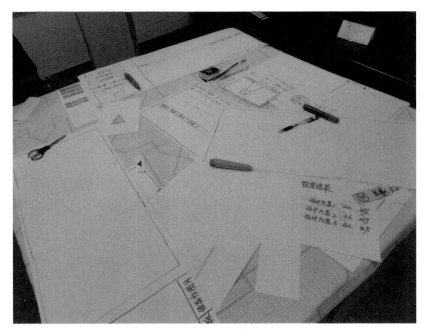

体验测试材料准备

在测试前梳理任务流程

体验测试现场

（非）焦点小组（Non-Focus Group）

焦点小组由一个有经验的主持人召集若干用户、领域专家、业余爱好者等一些能够从不同角度探究产品的人，就某些问题进行讨论，主持人要组织和引导整个流程并保证讨论到所有的重要问题，避免离题。非焦点小组与焦点小组的区别在于是否事先限定讨论的主题，即非焦点小组不限制讨论的问题清单，其余流程与焦点小组一致。会议以视频或音频的方式记录下来。通过讨论，研究人员可以获知用户的看法与评价，为以后的设计提供启发。焦点小组属于定性研究的方法。

（非）焦点小组的优点有，一是相对比较便宜而且容易成立；二是可以在设计的早期确认系统的特征以及优先级；三是能够帮助设计人员洞悉人们的想法和动机。（非）焦点小组的缺点有，一是他们只代表这个具体小组的观点；二是没有统计上的意义；三是没有提供可用性信息。

关于焦点小组的几个注意点。

（1）焦点小组不能为一个议题提供量的支持，但是它提供了很多定性的证据，而且能够帮助设计人员对后面的调查提出问题。

（2）参加焦点小组的人数最好在 6～10 个，持续时长最好在 60～90 分钟。

（3）焦点小组依赖一个有经验的主持人，需要提前写好主持人指南。

（4）如果可以的话，最好对焦点小组的过程录音或录像，能够帮助进行定性的数据分析。

（5）焦点小组经常会结合其他的研究方法一起使用，如调查、访谈，但是，单独使用焦点小组这种方法也是可行的。

(非)焦点小组流程图
(Non-)Focus Group Progress

（非）焦点小组流程图

设计案例

案例来自 UxLab 2014 年虚拟培训系统项目，由于此系统的目标用户属于专业性很强的领域，在设计前期的需求分析阶段，为了快速有效地分析设计目标，项目组召集了专家及项目人员共同进行了一次焦点小组讨论。以下为问题的材料。

时间：10:00-11:30

参与人员：全体

流程：观看视频—演示原型—主持人提出问题—讨论

问题：

一级因素	二级因素	问题
预测性	功能	1．"虚拟全息 3D"的显示方式，与您们之前使用的软件/工具相比，可能会对用户目标产生哪些辅助作用？可能会存在哪些缺点？
		2．是否需要对某个零件的尺寸进行测量？
		3．是否有必要显示部件索引目录以及模型工程图？
		4．除了显示模型的结构及部件，您认为用户还需要哪些功能？比如自定义组装等。
		5．通过自主组装的测试模式能否有效检验用户对飞船结构的了解程度？录像功能是否必要？还缺少哪些必要的或者有需要的功能？
	界面	6．用户希望在什么位置显示意图引导？按键上，按键旁，屏幕上部，屏幕下部等。
		7．某个部件的信息是否需要实时显示？
		8．若对不同结构的部件以颜色区分是否必要？
	交互	9．用户希望对单个零件进行哪些操作？
		10．用户在使用过程可能会出现哪些错误情景（操作失误）？

（续表）

主持人正向专家展示设计目标

人物角色（Personal）

人物角色法是根据用户的目标及特征建立的描述模型，涵盖了目标用户的外观、行为特点、使用动机、期望、体验目标等内容。人物角色是在大量调研的基础上经过处理的、真实有效的人物。一般情况下我们会建立4～6个用户角色甚至更多，并根据需求的优先级分为首要人物角色、次要人物角色、补充人物角色等。如果你不能得到与所观察到的用户行为一一对应的直接描述，那给角色添加特征就是不必要的，甚至是错误的，会导致不正确的设计决定。运用人物角色法能够帮助我们探索不同的使用方式及其对设计的影响。它是一种好的沟通工具，能够帮助设计满足可用性需求。每种方法都有其优劣势，人物角色方法的优点主要有以下几点：

（1）创建角色比较迅速容易；

（2）它为所有团队成员提供一致的模型；

（3）它很容易与其他设计方法结合使用；

（4）它使设计师的设计更符合用户的需求。

人物角色的缺点：一是可能会有太多角色，使设计比较困难；二是角色创建中加入设计师个人无根据的假想可能会有问题。

在进行角色定义时，我们一般关注以下几个要素：头像、基本信息、与产品相关的计算机背景或生活方式、与产品相关的行为习惯、用户目标、困难。可根据实际情况适当增加或扩充以上基本要素。

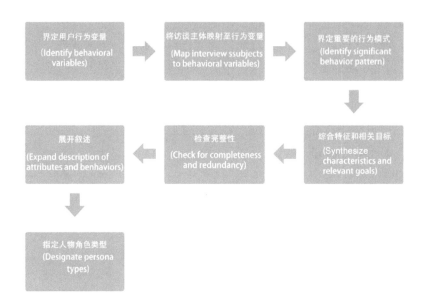

Alan Cooper 的"七步人物角色法"[①]

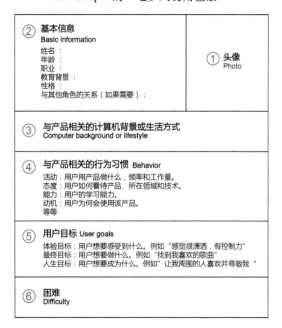

角色模板

① （美）库伯，瑞宁，克洛林. About Face3 交互设计精髓[M]. 刘松涛，等译. 北京：电子工业出版社，2012.

设计案例

案例来自 DMRC 2008 年智能家居设计项目，根据前期的用户调研，总结得出主要用户分类有商务人士、家庭主妇及老年人。以下举例的是一个家庭男主人的角色，从生活习惯、常用媒体、户外、居家、数字化产品等方面描述用户与智能家居相关的行为习惯，并进一步将用户行为逐步转化为设计点和产品定位。

姓名（Name）：丁××

性别（Sex）：男

职务（Position）：××电子商务集团 经理

年龄（Ages）：38 岁

背景（Background）：华南理工大学电子信息技术本科毕业　　英国 Bath 大学经济学硕士

性格 Character：严谨果断，习惯于严密的逻辑思维分析方法

生活习惯：——关键词：应酬、出差

Habits: - key words: social parties,　on a business trip

他和妻子、5 岁的女儿居住在东莞近郊，距离上班的地点 45 分钟～1 小时车程。

在工作日时间（周一到周五），他通常只在家里面吃早餐，每天忙于应酬商业客户，出没于高级饭馆和五星级酒店，午饭和晚饭通常在这些筵席中解决。他频繁地需要到外地出差，参加行业会议或一些商业上的洽谈，时间不定。

他有意识追求健康的生活习惯，但是经常需要应酬，不能避免烟、酒。

他有轻度失眠的困扰，主要源于紧张工作的焦虑。

常用媒体接触状况：——关键词：广播、网络、报刊杂志、DM 杂志

Commonly used media contact condition: - keywords: radio,　Internet,　newspapers and magazines,　DM magazine

他习惯在开车途中收听广播，主要是听一些天气、交通信息和社会新闻。

他几乎每天都会使用网络，主要是收发 E-mail(高频出现)、阅读行业内信息和查询各类型信息。他熟悉博客、搜索引擎、WEB2.0 网站。他会在家里、也会在公司上网。

他会在早上阅读报纸，晚上阅读杂志。

他经常阅读 DM 杂志，而阅读 DM 的场所，可以是自己家里，也可以是单位、咖啡厅、餐馆

户外：——关键词：咖啡厅、茶馆、健身、旅游

Outdoor: - keywords: coffee shops,　teahouses,　fitness,　and tourism

他经常在咖啡厅或者茶馆约见商业伙伴或朋友。

在周末空闲时间里，他偶尔会去健身馆或打一下网球、高尔夫，大部分是出于一种社交目的。

每年，他都会和家人定期出外旅游度假。香港是他们一家人旅游的首选地，其次是新加坡、泰国、法国、澳门，再次是澳大利亚、韩国、马来西亚、马尔代夫和日本，他们会越来越倾向于国外旅游。在空余时间，他会和家人、领居、朋友进行一次近郊自驾游。

（续表）

居家：——**关键词：阅读、品茶（咖啡）、音乐、业主社区活动** At home: - keywords: reading, tea (coffee), music, and community activities of the owner 周末空闲在家里，他会阅读一下书刊杂志，上网、看电视。 　　他对于茶（或者咖啡）的品质要求很高，家里面有专门用于研磨咖啡的仪器和泡茶的工具，他认为那是一种生活品质的体现。他喜欢听一些怀旧歌曲（或 Jazz 、蓝调），家里面购置了高级的音响设备。 　　他有时候也会和家人参加住宅小区内组织的活动，例如乒乓球、羽毛球比赛、聚餐、团体自驾游等，与小区其他业主之间也有一定的交流（主要通过网上的业主论坛、QQ 通信等）。 　　家里面有从各地旅游收集回来的特色工艺品，旅行的照片、视频短片，他会和家人一起重温这些旅游的回忆
数字化产品：——**关键词：商务手机、对潮流电子产品感兴趣、数码打印机** Digital products: - key words: business phone, interested in fashion electronic products, digital printer 他并不经常更换手机，因为他觉得选取手机很麻烦，通常他每隔一年左右买当时最新款、功能最多的手机。他拥有数码相机、随身听、笔记本电脑、移动硬盘、数码摄像机，对于数码产品的投入占据家庭支出重要的一部分，他乐于学习、尝试各种新产品的使用，并和家人分享使用产品的知识、感受。家里面置有数码照片打印机，主要用于打印一些旅游照片
用户目标（User goals）： ➢ 希望在出差或者应酬期间能确保财产的安全。包括防止盗窃，防止人为过失造成的灾害。 ➢ 希望在工作结束后家里的某些家电设备，如电脑、空调、按摩椅和一般居家用品如电灯、窗帘等能预先有所准备，使回到家那一刻就能有放松的感觉。 ➢ 希望房子的装修时尚高贵，有亲戚朋友来访时可作为介绍的话题。
困难（Difficulty）： ➢ 由于经常不在家，他对于家人的人身安全有担忧，希望系统的安防措施能完备。有任何突发情况时能及时掌握全面信息。 ➢ 他是家里对整套系统的使用最熟悉的人，包括一些基本配置。但是他不愿意花过多时间学习，更不喜欢对着说明书一步步地进行调整

角色描述

情景设计（Scenario Design）

场景是对人物角色在使用产品的具体情境下的行为模式的描述，包括角色的基本目标、任务开始存在的问题、角色参与的活动及活动的结果。

场景可以分为文本型和图示型，使用较为广泛的是文本的场景描述。我们可以按照以下表格的要素来描述场景。由于场景与角色关系紧密，所以通常场景描述和角色卡片可以合并在一个文档中。

图示型场景以手绘图或照片为主，配上简单的文字描述。图示型场景与故事板有相似之处，它们都是以手绘图或照片为中心，配上简单的文字，但是故事板侧重的是流程性，而图示型场景侧重的是场景本身。简单地说，故事板的场景会随着用户的行为发生变化，但图示型的场景一般不会变化。

图示型场景多用于产生新产品或概念的项目中，通过图示型场景的方式，能够更好地帮助设计者了解概念或产品的使用环境，发现设计缺陷，优化设计，表达产品的功能和设计概念。故事板是图示型场景的一种表达方式，通过文字和图形描绘出网站或软件的交互场景。故事板重视任务流程的图形化表示，能够帮助设计者了解软件如何工作，比起一个抽象的描述，这种方式又便宜又直观。

配图：

图解：来自 DMRC 2010 年音乐手机设计项目，该场景的作用是说明概念产品提醒功能的使用场景，因此除了图示型场景之外，还配有概念产品的原型界面和部分用户调研的结果，用以支持该功能的设计。

综合案例：餐饮消费中的消费者互动行为研究[①]

该案例的设计目的在于探索基于微信实现商家与消费者、消费者与消费者之间互动的

---

① 梁甜诗. 基于微信社交平台的餐饮互动服务研究（硕士论文）. 中山大学，2014.

餐饮服务模式的研究价值。设计前期的用户研究工作主要从深度访谈和问卷调查两个方面开展。深度访谈选择了 8 名具有代表性的用户，挖掘用户的餐饮互动行为和潜在需求；问卷调查则针对微信的使用习惯和餐饮互动行为两点进行定量的调研，从调查数据中分析用户的行为特征和心理特征。

1. 基于深度访谈的定性研究

深度访谈设计

根据微信用户群体的以上特点和餐饮消费习惯，本次深度访谈对象均具备以下特点：

① 20～39 岁的中青年；

② 高中及以上学历；

③ 月收入 3000 元以上，若为学生，则无此限制；

④ 经常进行餐饮消费（每周发生一次餐饮消费行为，食堂消费除外）；

⑤ 热衷于使用微信。

按照以上条件，本次访谈选取的 8 名对象，如表 4-1 所示。

表 4-1　深度访谈对象的基本信息

姓　名	性　别	年　龄	学　历	职　业
艺铭	男	33 岁	本科	阿拉伯语翻译
Ljq	男	37 岁	本科	平面设计师
萧	女	26 岁	大专	会计
TOTO	女	25 岁	本科	银行柜员
Stary Lam	女	26 岁	硕士	证券公司法律顾问
Ljz	男	24 岁	硕士	学生
Lulu	女	22 岁	本科	学生
Suky	女	17 岁	高中	学生

访谈预期目标：了解消费者获取餐饮信息的方式以及对不同渠道获取到的餐饮信息的态度；了解消费者是否愿意在餐饮消费过程中进行结伴消费；了解消费者在什么情况下需要结伴的餐饮消费；了解消费者是否愿意向好友分享自己喜欢的餐馆和美食，及其餐饮消费体验；了解消费者一般在什么情况下会产生与商家沟通的需要；了解消费者是否愿意接收餐饮信息推送以及希望接收何种信息。访谈过程会要求消费者回忆平常餐饮消费的步骤、流程、困难以及如何解决该困难等一系列相关问题。具体访谈流程及核心问题如表 4-2 所示。

表 4-2　深度访谈流程及核心问题

访谈流程	需要获得的信息内容
餐饮消费的基本情况	餐饮消费的频率；进行餐饮消费的原因；一般进行餐饮消费的流程；餐饮消费的体验
对自己最近一次餐饮消费过程的描述	谈谈他们最近一次餐饮消费的经历，描述自己发生餐饮消费需求的情境及原因、中间决策与用餐过程，以及后期相关行为，并谈及整个餐饮消费过程的体验；让消费者设想线上餐饮消费与传统餐饮消费的差异……鼓励消费者讲故事
在餐饮消费过程中的互动行为	消费者如何获得与餐饮相关的信息；消费者对现有餐饮类应用中关于餐馆或菜品的消费者评价的看法；消费者在餐饮消费时是否向好友咨询、在什么情况下会咨询；消费者在什么情况下需要邀请好友一起完成餐饮消费、如何邀请；消费者如何与好友进行沟通交流、交流的内容包括哪些方面；最后如何进行餐饮消费决策；餐饮消费效率如何
对餐饮类应用的使用情况	用过哪些餐饮类应用；使用这些应用的哪些功能；使用的感受如何；希望还能获得什么功能或体验

深度访谈结果分析

在深度访谈完成之后，根据调查者的实际经验描述，得到具有参考价值的消费者餐饮消费行为习惯，整理如下。

1. 餐饮消费基本流程

消费者进行餐饮消费的方式主要分为线上支付线下消费与传统线下消费。

线上支付线下消费的餐饮消费过程大体包括：大众点评、团购网站搜索餐馆—浏览评分、价格等餐馆信息—选择符合条件的餐馆—在线购买支付—获取电子凭证—预约订座—到店—验证电子凭证—等座—就座—等餐—用餐—离开—点评与分享。

传统线下餐饮消费的过程大体包括：（大众点评、团购网站搜索餐馆—浏览评分、价格等餐馆信息—选择符合条件的餐馆/亲友推荐餐馆—电话或网上订座）—到店—等座—就座—点餐—等餐—用餐—支付—离开。

2. 餐饮消费的信息获取行为

在餐饮信息获取方式上，访谈发现，受访者对不同渠道获得的餐饮信息的态度差异明显。对于好友分享或推荐的信息，大多受访者表示较感兴趣，愿意尝试；若好友有亲身消费体验，则可信度更高。而对于点评网站上看到的信息，会参考价格、环境、地理位置、服务质量、优惠活动等多方面信息后再做出消费决策。对于传单等广告获得的餐饮信息，普遍持观望或不太信任甚至直接忽略的态度。

除了被动的信息接收，消费者还会主动地进行信息获取。受访者普遍表示，咨询好友和点评网站搜索是最主要的渠道。咨询好友一般发生在消费者通过各种渠道了解到好友有相关经验（比如曾去某家餐馆消费）的基础上，当消费者需要产生相关消费时，会先去咨询好友的意见，尤其当该好友被认为是"美食家"时，其所提供的意见往往会被采纳。

可见，信息获取渠道对人们的餐饮决策有着重要影响，强关系社交圈的可信度被认为更高，其所提供的意见也更容易被采纳。

首先，在信息的内容方面，餐馆菜式、地理位置、优惠活动是人们最关心的内容。其次，餐馆客流量、价格、环境、服务、能否预约订座、上菜速度等，也是影响消费者消费决策的重要方面。

3. 餐饮消费的结伴行为

受访者表示，餐饮消费多发生在亲友聚餐、商务宴请、特殊节日、外出游玩、参加网上发起的同城活动等情况下，因此，多涉及数人或数十人的结伴行为。

在涉及 2～5 人的餐饮消费结伴行为中，消费者会先自行通过大众点评等网站进行挑选，选出几款后再与好友商量，很多时候与好友商量后就会进行购买。

目前消费者主要使用 QQ 即时聊天工具进行餐饮消费商讨，通过 QQ 发送商品链接，互相交流评论。消费者对这个工具不太满意，但没有其他替代选择。消费者和同伴在 QQ 与网页间来回切换，采取一问一答方式进行交流，效率不高。

4. 餐饮消费的分享行为

六位受访者均有过餐饮消费分享行为，向熟人分享居多。多通过社交网络进以点对点或点对群（组）讨论的形式进行，其次是口头分享。分享的内容包括菜式、价格、地理位置、优惠信息、服务体验、美食图片等。

分享的动机包括："晒"生活、分享美食、吐槽糟糕的体验、获取分享奖励等。特别需要注意的是，受访者普遍表示，分享更多的是以吐槽为目的。受奖励刺激的分享，消费者往往不会对其进行详细介绍，表示会使用"赞一个"、"不错"、"还可以"等泛泛而谈的简单词句一带而过。

当分享的内容被他人认可时，会有更多探寻和分享美食的动力。

5. 餐饮消费体验中的痛点

首先，在网络搜索选择餐馆的过程中，人们无法判断信息的真假，也很少能与餐馆直接沟通咨询，在消费决策环节就已遭遇挫败感。

其次，在前往餐馆的过程中，受访者十分渴求得到精确的导航信息，大多受访者曾耗费大量时间在寻觅餐馆上。

到店后排队等座也是受访者常遇到的问题，且往往不知道需要排多久才能安排到座位，受访者表示，这样的情况会严重影响心情。

点餐过程的选菜恐惧症和等餐过程中的漏单现象时有发生。

消费者期待与商家同等的沟通方式。而当前餐饮业消费者与商家之间大多仍停留在电话沟通的阶段，无论是预订餐桌、菜品还是外卖，一般都采用电话方式进行，占线无法接通或久拨无人应答、通话过程无记录等问题更是隔三差五地就出现，整个沟通过程效率低下，消费体验也极差。

对于线上支付线下消费的餐饮消费过程，大多需提前至少一天以上预约，到店时又需要通过电子凭证校验身份，而校验过程往往是通过短信验证码完成，使得消费环节的线上部分涉及多种媒体，无法在同一平台上流畅地完成全部操作。

对于传统线下餐饮消费的过程，有受访者提出，支付时的会员卡制度存在完善的空间，除了会员卡的使用方式可以更加灵活外（当前多为持卡或提供会员卡关联手机号和姓名），会员卡更应使顾客感受到价格优惠之外的"会员"礼遇。

6. 餐饮相关应用的使用情况

受访者大多提到大众点评、美团等团购网站，以及边度、下厨房等以餐饮推荐为主要内容的微信公众账号，或是某些餐馆的微信公众账号。这些产品主要作用于消费决策与购买过程，以信息获取为主，极少受访者表示会通过这些产品进行餐饮消费体验的分享。

2. 基于问卷调查的定量研究

问卷调查设计

通过对 8 位消费者的访谈，得出餐饮消费中的互动行为及特点。为了更大范围地收集意见和统计实际情况，采用网络问卷调查的方法，进行统计分析，以了解整体情况。研究问题主要包括消费者餐饮消费互动行为特征和对微信应用于餐饮的态度。

问卷的框度和具体问题如表4-3所示，详细问卷请查看附录。

表 4-3　问卷框架与问题

框　　度	问　　题
人口统计信息	性别
	年龄
	受教育程度
	月收入
餐饮消费习惯	外出就餐的频率
	通常与哪些人一起进餐
	可以接受与哪些人一起进餐
餐饮消费前决策过程	外出就餐的原因
	获取餐饮信息的渠道
	何种餐饮信息获取渠道的说服力更强
	好友的餐饮消费体验对消费者的影响程度
餐饮消费中的情况	餐饮消费看重的方面
	餐饮过程遇到过的问题

（续表）

框　度	问　题
餐饮消费后行为	分享意愿
	会与哪些人分享餐饮体验
	通过何种方式分享餐饮体验
	会分享哪些餐饮体验
	什么因素驱使你去分享餐饮体验
微信使用情况	微信使用频率
	微信使用时间
	使用微信进行餐饮消费的接受程度

问卷调查结果分析

截至 2013 年 1 月 15 日，共收到有效问卷 213 份。受访者性别分布为男 72 份，女 141 份。超过 3/4 的受访者持大专及以上学历，属高学历人群。年龄大多分布在 18～39 岁，为中青年。月收入基本在 2000 元以上，过半受访者月收入超过 4000 元，近 1/4 受访者月收入达到 6000 元，收入水平较高。逾六成受访者每天使用微信，纵观以上特征，受访者基本符合本设计目标用户的属性。

根据问卷调查数据，可得出以下几个结论。

（1）人们在餐饮消费过程中有明显的互动需求。消费者与消费者之间的互动需求主要表现为被动信息接收和主动咨询、结伴消费和体验分享。消费者与商家之间的互动需求主要表现为咨询、预订、问题反馈。

（2）人们常常从强关系社交圈的口口相传中获取餐饮信息，并认为其所提供的餐饮信息可信度最高。

（3）人们在消费决策前往往会主动咨询强关系社交圈中的人，尤其是那些有过亲身消费经验的人。与此相矛盾的是，人们往往对身边好友的餐饮消费经历并不了解，在需要进行咨询时难以找到合适的咨询对象。

（4）人们在进行餐饮消费决策时有通过网络搜索获取信息的习惯，但网络搜索获得的信息真假难辨，可信度较低。

（5）人们进行餐饮消费决策需要的信息包括菜肴本身的情况、餐馆环境、服务质量、交通信息、优惠信息、客流量、品牌档次及过往消费者评价/评分。

（6）餐饮消费过程往往伴随着一种邀约、结伴的行为。

（7）人们有很强的餐饮消费体验分享意愿，分享对象以强关系社交圈为主，微信朋友圈是最重要的分享渠道，分享的动机表现为信息分享、记录生活、参与有奖活动以及获取个人成就感。

3. 餐饮互动服务的人物角色建模

通过用户研究工作，根据人们外出就餐的原因及就餐过程中看重的方面，将本平台的用户分为两大类：休闲娱乐型和解决温饱型（见表4-4、表4-5）。

表4-4 休闲娱乐型人物角色

人物角色 A：休闲娱乐型用户	
基本信息	● 女，24 岁 ● 设计艺术学在读研究生 ● 性格外向，乐于表达观点 ● 喜欢聚会活动，喜欢吃喝玩乐 萧欣
用户目标	"我需要发掘新的聚餐场所，还要征求好友意见才能做出决定，对每一个消费过的餐馆，我都会认真地进行点评。"
主要任务	● 邀请好友一起外出活动或聚餐 ● 探索适合与好友共同前往的餐馆 ● 分享餐饮消费体验
日常行为描述	萧欣的社交活动频繁，几乎每个周末都会约上三五好友一起出去玩，一般都是中午一起聚餐，然后下午看场电影或 K 歌、打麻将，晚上再一起胡吃海喝一番再结束聚会活动。 她经常浏览大众点评网，看到评价不错，也猜测大家会感兴趣的餐馆就通过 QQ 推荐给好友，如果好友同意了就一起前往消费。有时候他们会直接提出去某家餐馆消费，那么萧欣就会在大众点评网上看看有没有相关的团购或优惠券，有的话就买下来再到店消费。 到店消费时，他们常常需要等座，而且一等就是一两个小时，非常影响心情，也耽误了后续活动。有时候甚至会遇到漏单，等来等去等不到最后一道菜上来，屡次咨询服务员也得不到解决。 她乐于尝试新口味，一段时间内一般不会重复去某家店消费，除非那家店有特别吸引人的地方，或者有新的优惠活动或菜式。 对消费过的餐馆，她都会对各方面进行详细点评和推荐，以满足自己分享过程中的成就感，提高自己在餐饮领域的权威性和曝光度。如果有朋友前来咨询自己的体验，她会很享受这种被认可的感觉，并向朋友介绍该餐馆的环境、服务、菜品、价格等方面的信息

表 4-5　解决温饱型人物角色

人物角色 B：解决温饱型用户	
基本信息	● 男，27 岁 ● 某私企办公室员工 ● 单身 ● 工作非常繁忙 郑志成
用户目标	"我一个人生活，日常工作繁忙，很少自己做饭，公司食堂也不太合我胃口，需要在用餐时间查找附近的餐馆，同时我也希望能提前点餐，到店即可食用，这样我可以节省很多等餐时间。"
主要任务	● 改善伙食 ● 查找附近的餐馆 ● 提前点餐，到店即食
日常行为描述	由于公司食堂菜品千篇一律，味道也不太好，并且一直单身，所以郑志成一日三餐基本都在餐馆解决。 同时，由于所负责的公司业务较多，工作非常繁忙，中午经常只有一个小时的休息时间，晚餐后也经常要加班加点。每次出去吃饭，他都不知道去哪里吃才好，一来怕口味、价格不合适，二来怕等位和等餐耽误工作时间。 他喜欢尝新，也对价格敏感，每次有新品推介或者特价优惠，他都会去尝试

4．基于人物角色的场景脚本提纲（表 4-6、表 4-7）

表 4-6　休闲娱乐型人物角色的场景脚本提纲

休闲娱乐型人物角色的脚本提纲	需　求
提前计划的餐饮消费	
1．周末快到了，萧欣准备邀请几个好友出来聚会	组团消费
2．大致确定了聚会的好友之后，萧欣开始安排聚会行程。与好友商量决定中午一起吃饭	
3．与好友讨论后，他们决定选择去"公主料理"，于是萧欣在这家店预订了座位	在线订座
4．安排好后，萧欣把行程发给了各位好友	通信
5．周末到了，萧欣和好友们准时来到"公主料理"见面，出示订座信息后，服务员安排他们就座	个人信息管理
6．那天客人很多，服务员忙不过来了，于是他们通过在线点餐平台自助进行点餐	在线点餐
7．可是点餐很久之后还没有上菜，他们就在线查询了菜品制作进度，并进行了催单	在线催单
8．用餐完成，他们通过在线完成支付环节	多种支付方式
9．活动结束后，他们各自回家，萧欣对这天消费的餐馆进行了详细评价，希望为其他好友提供参考意见	对消费过的餐馆进行评价 咨询到过某家餐馆的好友

（续表）

休闲娱乐型人物角色的脚本提纲	需　求
临时安排的餐饮消费	
10. 一个周末的下午，萧欣与好友李楚婷出去逛街，逛到下午 6 点，发现回家吃饭太晚了，于是决定吃后再回家。他们拿出手机，搜索了附近的餐馆，发现附近的"金韩宫"有两人团购套餐，就团了一份，并开导航一路过去	查找附近的餐馆 在线支付 查询餐馆地理位置
受好友影响的餐饮消费	
11. 萧欣刷朋友圈的时候看到好友分享了在"中森名菜"消费的消息，消息所分享的位置是餐馆的地址，出于对美食的兴趣，萧欣点击进去，查看了该餐馆在大众点评上的消费者评价，还看到自己的微信好友里有去过该餐馆的	分享餐馆地址 查看餐馆评价 查看到过餐馆的微信好友
12. 萧欣觉得这家店的评价不错，去过的好友也比较多，于是决定关注这家餐馆的公众账号，通过这个账号中的菜单，完成了订座、点餐和支付	在线订座、点餐、支付
13. 到了用餐当天，萧欣来到这家餐馆，向服务员出示在这家店的微信会员卡并验证了订座信息，过了几分钟，她点的菜就上来了，比以往去其他餐馆吃饭上菜的速度快了很多	会员信息管理

表 4-7　解决温饱型人物角色的场景脚本提纲

解决温饱型人物角色的脚本提纲	需　求
1. 午餐有一个小时时间，想外出就餐，郑志成拿出微信，查找附近的餐馆，查看过往消费者的评价，确定去哪家餐馆用餐	查询附近的餐馆信息
2. 他通过关注这家餐馆的公众账号，在线上订座、点餐，并完成支付	订座、点餐、支付
3. 出发前，他通过微信公众账号查询到餐馆具体位置	查询餐馆地理位置
4. 到店后，出示微信上该餐馆的会员卡，里面有订座信息，验证完订座信息后，服务员很快就给他上餐了	个人信息管理
5. 用餐完成，直接离开	
6. 郑志成之前经常去某家餐馆，觉得那里味道比较好，上菜也快，但是几乎所有菜式都吃过了，不知道还能吃什么菜，于是他好久没有再去了。晚餐时间，他收到了这家店的新品推荐和优惠活动，发现已经有不少好友去试过，评价也不错，决定去试试	餐馆菜品、优惠活动推荐 查看在某家餐馆消费过的好友评价餐馆

总结用户研究的结果如下。

（1）人们在餐饮消费过程中有明显的互动需求。消费者与消费者之间的互动需求主要表现为被动信息接收、主动咨询、邀约组团和体验分享；消费者与商家之间的互动需求主要表现为咨询、预订、问题反馈。

（2）社会关系网络对餐饮消费行为的不同阶段产生了不同程度的影响，表现为：消费前的被动信息接收会激发消费动机，强关系社交圈中的人所提供的信息更加可能激发人们的餐饮消费动机；消费期间的主动信息搜索影响消费决策，人们倾向于向强关系社交圈中的好友咨询；消费后，人们倾向于向强关系社交圈中的人分享餐饮消费体验，并由此获取一定的满足感。

（3）人们进行餐饮消费决策需要的信息主要包括菜肴本身的情况、餐馆环境、服务质量、交通信息、优惠信息、品牌档次及过往消费者评价/评分。

（4）人们在消费决策前往往会主动咨询强关系社交圈中的人，尤其是那些有过亲身消费经验的人。与此相矛盾的是，人们往往对身边好友的餐饮消费经历并不了解，在需要进行咨询时难以找到合适的咨询对象。

（5）用餐过程中，消费者遇到的问题包括没有停车位、等座时间长、点餐过程的选菜恐惧症、等餐过程中的漏单现象、结账过程耗时多、流程烦琐等。

（6）人们有很强的餐饮消费体验分享意愿，分享对象以强关系社交圈为主，微信朋友圈是最重要的分享渠道，分享的动机表现为信息分享、记录生活、参与有奖活动以及获取个人成就感。

（7）会员制度存在完善空间，消费者希望感受到价格优惠之外的"会员"礼遇。

根据以上结论，本研究将消费者在餐饮消费过程中对互动服务的需求划分为获取餐馆信息、获取消费建议、便利消费过程、分享消费体验、获得会员服务五大需求。获得餐馆信息的需求包括餐馆信息查询、查找附近的餐馆；获取消费建议的需求包括查看消费过的好友、向消费过的好友咨询；便利消费过程的需求包括组团消费、订座、点餐、催单、支付；分享消费体验的需求包括分享餐馆、向好友推荐菜式、晒菜单；获得会员服务的需求包括会员信息管理、客户服务。

第5章 商业模型与概念设计
（Business Modeling & Concept Design）

第 4 章中的方法可以帮助收集用户的需求并进行了一系列描述，接下来要讨论的问题是如何使用这些研究数据并用于设计之中？

设计人员需要借助强有力的表达工具——模型，模型能够帮助设计师表达抽象复杂的结构和关系，并从商业和服务的角度考虑设计的定位和流程，从而帮助其真正理解目标用户的需求、明确设计机会。该阶段包括概念设计、商业建模和服务设计三个部分，重点在于理解并形象化用户与用户之间、与商业之间、与社会环境和物理环境之间的联系。

5.1 商业

无论何种形态的产品最终都需要面向市场，好的商业模式与定位能够将概念设计更好地落地，满足市场需求。实现概念设计落地，需要的方法多来自管理学或产品学。

商业模式画布（Business Model Canvas）

设计人员可以利用商业模式的框架来描述和思考本身组织、竞争对手乃至其他任何企业的商业模式。通过 9 个基本构造模块，我们就可以描述一个商业模式，9 个模块包括重要伙伴（KP）、关键业务（KA）、核心资源（KR）、渠道通路（CH）、价值主张（VP）、客户关系（CR）、客户细分（CS）、成本结构（C\$）、收入来源（R\$）。这种框架被称为商业模式画布——一种用来描述、可视化、评估以及改变商业模式的通用语言。[①]

（1）CS（Cost Structure）客户细分：企业想要接触和服务的不同人群和组织。

大众市场、利基市场、区隔化市场、多元化市场、多边平台或多边市场。

（2）VP（Value Proposition）价值主张：为特定客户细分创造价值的系列产品和服务。

新颖，性能，定制化，"把事情做好"，设计，品牌/身份地位，价格，成本削减，风险抑制，可达性，便利性/可用性。

---

① 亚历山大•奥斯特瓦德（Alexander Osterwalder），伊夫•皮尼厄（Yves Pigneur）. 商业模式新生代. 北京：机械工业出版社，2014.

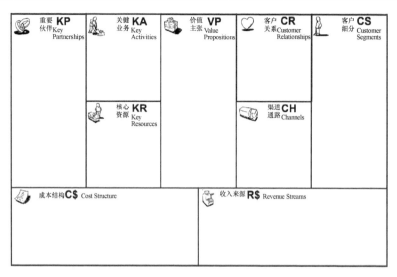

商业模式画布

（3）CH（Channels）渠道通路：渠道通路是描绘公司是如何沟通、接触其细分的客户而传递其价值主张。

提升公司产品和服务在客户中的认知，帮助客户评估公司价值主张，协助客户购买特定产品和服务，向客户传递价值主张，提供售后客户支持。

（4）CR（Customer Relationship）客户关系：与特定客户细分群体建立的关系类型。

个人助理，专用个人助理，自助服务，自动化服务，社区，共同创作。

（5）RS（Revenue Streams）收入来源：从每个客户群体获取的现金收入（需要从创收中扣除成本）

获取收入的方式：资产销售、使用收费、订阅收费、租赁收费、授权收费、经纪收费、广告收费。定价机制：固定定价、动态定价。

（6）KR（Key Resources）核心资源：让商业模式运转所必需的最重要因素。

实体资产，知识资产，人力资源，金融资产。

（7）KA（Key Activities）关键业务：为了确保商业模式可行，企业必须做的重要的事情。

制造产品，问题解决，平台/网络。

（8）KP（Key Partnership）重要合作：让商业模式运转所需的供应商和合作伙伴的网络。

合作的动机：商业模式的优化和规模经纪的运用，风险和不确定性的降低，特定资源和业务的获取。合作的类型：非竞争者之间的战略联盟关系，竞合（在竞争者之间的合作关系），为开发新业务而构建的合作关系，为确保可靠供应的购买方-供应商关系。

（9）CS（Cost Structure）成本结构：运营一个商业模式所引发的所有成本。

商业模式：成本驱动和价值驱动。成本结构：固定成本、可变成本、规模经济、范围经济。

Osterwalder 在《商业模式新生代》中对商业画布提出自己的建议。他建议在一个较大的墙面或白板内画图，以便有足够的空间思考并实验。同时，创业者们尽情发挥设计思维，并用便签纸记下来，逐渐将每一格填满。

每一张便签纸都可以代表一类用户群体、一种相对应的价值定位、一条渠道路径、工程师等元素。它们的目的是，尽可能多地列出不同可能性，并根据你当前的实力和既定的目标，选择合理的方案。商业模式中往往存在各种图片元素，便签纸的好处是方便随时更改，显示不同元素间的相互影响，直到选出最优解。

设计案例：

下图展示了坐车网的商业模式，可以在竞品分析时结合商业模式画布结构设计其他产品的商业模式。

坐车网商业模式

BSC 平衡计分卡（Balanced Score Card）

平衡计分卡（Balanced Scorecard，BSC）是由哈佛商学院 Robert S. Kaplan 和 David P. Norton 发明的一种绩效管理和绩效考核的工具，被誉为"75 年来最伟大的管理工具"，已广泛应用于西方国家，为大多数企业的高管人员理解并使用。BSC 模型包括客户方面、过程方面、学习方面和财务方面。这四个方面恰好与设计的四种价值系统相对应：差异化设计、协调设计、转型设计、优秀的业务设计。将平衡计分卡模型与设计价值相结合的模式，具有战略性和长期推动性，可以很容易地应用在任何设计决策、设计政策或设计项目中，促进了设计与管理的衔接。①

1. 客户价值方面	2. 绩效价值方面
为了实现我们的愿景，我们应该如何通过设计出现在客户面前？ ● 提高平均价以上的产品或服务的市场占有率 ● 根据我们的品牌提高我们在售产品或服务的品牌形象的百分比 ● 提高客户满意度/用户导向的设计：客户满意度调查	在业务流程中，设计部门如何能帮我们胜出？ ● 改进创新过程/每年运行更多的项目 ● 改善生产流程/出现更少的缺陷 ● 应用客户关系管理/信息管理系统的设计：更少的抱怨
3. 学习方面	4. 财务价值方面
设计部门如何保持我们变革和改进的能力？ ● 征集有潜力的个人档案/征集设计 ● 有竞争力的员工/通过设计提高学习能力 ● 对工作人员的激励和授权/因设计而在横向的多元文化团队工作	为了取得成功，设计应该如何出现在我们的股东面前？ ● 提高新产品或服务的销售营业额 ● 提高无形资产/得到许可的或受到保护的设计的数量 ● 提高投资回报率（ROI）/提高设计项目投入资金所产生的回报结果

BSC 平衡积分卡

设计案例：②

迪卡侬（Decathlon）的冲浪潜水服（Tribord Inergy），专为女性设计。它适合女性的体形，使女性更舒服、更容易地冲浪。它也邀请了更多的女性来发现冲浪的乐趣。

---

① 《设计思维：整合创新、用户体验与品牌价值》Thomas Lockwood. 设计思维：整合创新、用户体验与品牌价值[M]. 电子工业出版社
② 《设计思维：整合创新、用户体验与品牌价值》Thomas Lockwood. 设计思维：整合创新、用户体验与品牌价值[M]. 电子工业出版社

女性冲浪潜水服：平衡计分卡的四个方面	
客户价值方面 ● 冲浪是关乎平衡的问题。Tribord 的设计实际上减少了某些方向的弹性使平衡更加容易 ● Tribord 的胸部的两个独立设计，用以支持乳房。这个区域的设计与胸罩相似，但从视觉上是集成在潜水服里的 **衡量** ● Tribord 的品牌价值	**过程方面** ● 忠实于以用户为导向的创新过程，已经从研究的位置接近于用户的实践领域，航海运动很成熟 ● 技术价值：使用氯丁橡胶的有机硅控制运动；哑光区和光泽区视觉能够对功能区进行区分 **衡量** ● 新产品上市量
员工和知识管理价值 ● 了解女性的需求和渴望，对女性员工授权并改善知识管理 **衡量** ● 员工满意度，特别是女性员工的满意度 ● 所有品牌的新市场定位	**股东和社会价值** ● 通过运动的民主化，设计成为股东价值的资源 ● 创新提供了独特性 **衡量** ● 国际论坛设计大奖提高了公司的无形价值

品牌定位（Brand Positioning）

品牌定位就是企业在市场定位和产品定位的基础上，对品牌进行总体的规划、设计，明确品牌的方向和基本活动范围，进而通过对企业资源的战略性配置和对品牌理念持续性的强化传播，来获取市场（包括消费者、竞争者、社会公众等）各方的认同。它致力于在消费者心目中占据一个独特而有价值的位置，影响消费者的购买选择，当消费者产生相关需求时，引发联想并选购本品牌，从而实现预期的品牌优势和品牌竞争力。

在信息爆炸时代，信息的泛滥与良莠不齐，使得品牌与消费者之间的沟通存在障碍。而对品牌进行定位就是为了建立对目标人群最有吸引力的竞争优势，有助于潜在人群记住企业所传达的信息，并通过一定的手段将这种竞争的优势传达给消费者，转化为消费者的心理认识，从而形成对品牌的偏好和持续的购买行为。定位之父、全球顶级营销大师杰克·屈特认为：定位的基本原则并不是去塑造新而独特的东西，而是将人们已有的想法作为品牌定位实施的指南，将想法付诸实践，打开联想之门，目的是在顾客心目中占据有利的位置。

良好的品牌定位所应具备相关性、差异性和可信度三方面的要素

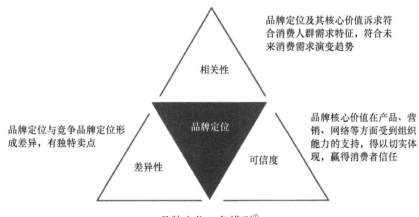

品牌定位三角模型①

设计步骤：②

第一步：分析行业环境。

每一个产品都不能在真空中建立，周围的竞争者都有着各自的覆盖面，因此，首先要切合行业环境才行。

第二步：寻找区隔概念。

分析完行业环境之后，你要寻找一个概念，使自己与竞争者区别开来。

第三步：找到支持点。

有了区隔概念，你还要找到支持点，让它真实可信。

第四步：传播与应用。

并不是说有了区隔概念，就可以等着顾客上门。最终企业要靠传播才能将概念植入消费者的心智中，并在应用中建立起自己的定位。

设计案例：

来自 Uxlab 2015 年某家居网站品牌建设项目，项目组根据其品牌的目标市场及消费群将其定位为以微笑为核心，以环保、健康、柔软和舒适为关键词，建立该家居品牌。品牌文化以微笑文化为主，logo 的七个微笑表情，代表了七种微笑的含义——幸福、童真、感恩、快乐、希望、梦想和自由。

---

① TopBrandUnit http://www.topbrandunion.com/web/service/service_01_09_dingwei.html
② 特劳特定位中心　http://www.trout.com.cn/main

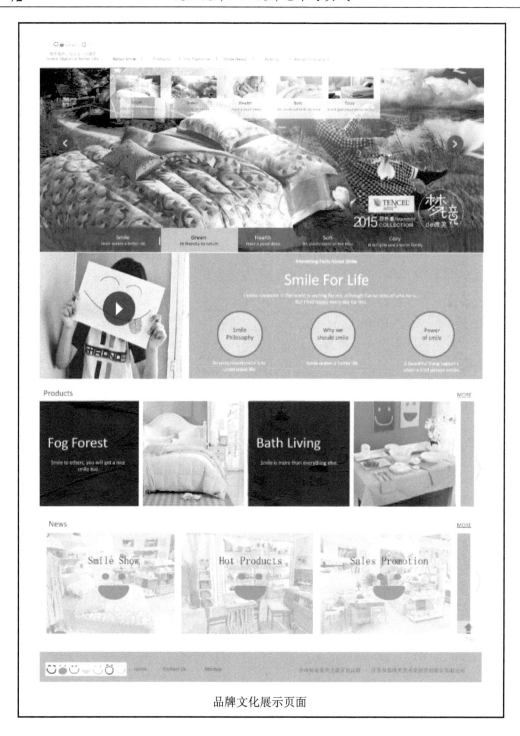

品牌文化展示页面

生态系统（Business Ecosystem Design）

生态系统源自生态学的概念，生态学是研究生物与其相关环境的辩证关系的科学，20 世纪 60 年代以来，生态学领域里的相关思想、原理和方法被大量应用到社会科学的领域，衍生了类似文化生态学、人类生态学、社会生态学的学科。而如今，生态学更是发展到产品生态学、商业生态圈的范畴中来。而所谓生态系统的原始概念就是指在自然界的一定的空间内，生物与环境构成的统一整体中，生物与环境之间相互影响、相互制约，并在一定时期内处于相对稳定的动态平衡状态。产品生态系统的研究主要围绕某种产品去展开，在产品生态学中，主要涉及的因素包括：产品；周围的产品或系统；使用者亦即用户；使用场所的空间结构、规范和日常惯例；使用者的社会和文化背景等。生态系统主要用来表达系统中产品、用户、空间等所有角色之间的信息及能量流动。

设计案例

案例来自 UxLab 城域文体活动运营设计项目，该系统中主要的生态成员包括了爱好者、平台、人群、实体、媒体。使用生态系统的方法，能直观地描述该平台在产品及人群生态圈中的信息流动及互动关系。爱好者是使用平台的主要用户，通过平台的四个子平台实现他们的部分文体需求。人群是除爱好者以外的使用平台的人，例如赛事主办方、网上商城商家、培训班组织者、场馆经营者都会通过平台给爱好者提供一定的服务。而平台的运营要依赖实体，实体支撑着平台。从另一种角度说，平台把各种人和实体联系到一起，原本线下的行为转移到线上。媒体和平台是合作关系，媒体负责报道，平台的图片、视频资源也能为媒体所用。

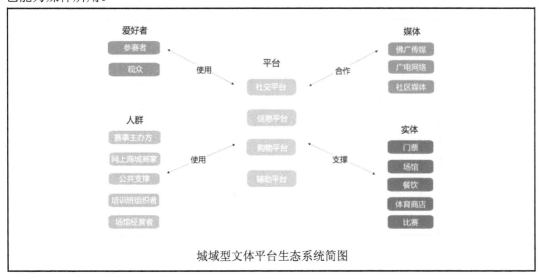

城域型文体平台生态系统简图

（续表）

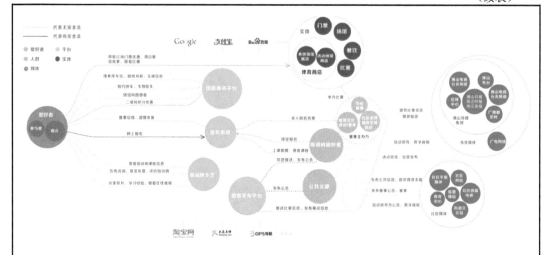

信息平台生态图分析及商业模式

　　信息平台下拥有四个子平台。赛事主办方和培训班组织者在信息发布平台上发布比赛或课程信息。在有赛事的时候，爱好者可以通过平台的报名系统进行网上报名，报名名单会自动录入，赛事主办方在平台上也可以对名单进行管理。同样，没有赛事时，爱好者可以通过培训班主页查看课程信息、在线咨询、观看培训视频，在决定参加培训班后可以通过报名系统选择培训班进行日常文体锻炼。报名后，平台会将赛事安排、课程安排推送给爱好者，并适时提醒。在看比赛或者参与日常文体活动的过程中，爱好者可以使用信息服务平台，信息服务平台提供了多种便民服务，除了交通导航、拼车租车、天气资讯、失物招领外，爱好者还可以扫描二维码获得积分，积分达到一定的数额就可以在实体店中享受优惠。

5.2　信息

　　这一阶段需要对用户研究阶段收集的用户行为与需求进行信息过滤与整理，筛选出对设计有用的信息并梳理出用户的需求点，对于设计将涵盖的词汇或功能模块都需要在这一阶段确定下来，为后续设计奠定基础。

亲和图（Affinity Diagram）

　　亲和图又称亲缘图，是一种分类的方法，针对调研分析阶段的用户需求而收集到的大量经验、知识、想法和意见等语言、文字资料，依据直观上的联系性，按其相互亲和性（相近性）归纳整理这些资料，目的是明确需求，发现各个问题之间的关联，发掘设计机会。亲和图中与人物相关的信息可以发展成为角色，使用产品相关的描述可以为场景分析提供依据，与使用流程相关的信息可以整理得出任务流程，产品的关键词可以成为信息架构和词汇定义的信息来源。以后设计的每一个功能点、每一个流程都可以在亲和图上找到相关的依据。

设计案例

案例来自 UxLab 2011 年基于云计算的内容存储分发业务研发项目，项目组使用亲和图对用户研究阶段收集的信息进行整理。以下图片实际上描述了亲和图的设计过程，尽可能列举所有在调研中涉及的用户使用场景以及功能点。

工作人员正在做亲和图的归类

初步亲和图

（续表）

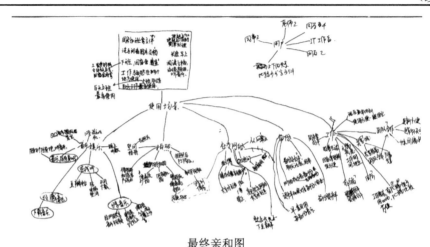

最终亲和图

使用 Mindmanager 整理得出的思维导图

内容规划（Content Management）

内容规划旨在定义内容的细节，以及优先级和发布计划。内容细节包括内容格式、内容长度、受众、任务、准确性以及内容更新周期。在为内容设置优先级时，应遵循以下原则：

确定内容发布的时间；

整理出周期性或季节性的内容；

使用价值—成本系统帮助确定优先级，高成本低价值的内容不应过早发布；

核心内容优先。

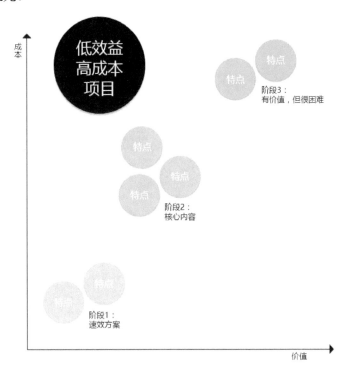

价值—成本系统

设计案例

案例来自 UxLab 2015 年某家居品牌的网站设计项目。在用户调研中发现用户在购买家居用品时对于使用对象和使用场景较为关心，根据内容规划的原则，项目组打破主流电商以产品分类为主导航的形式，将使用对象及使用场景在首页展示给用户。

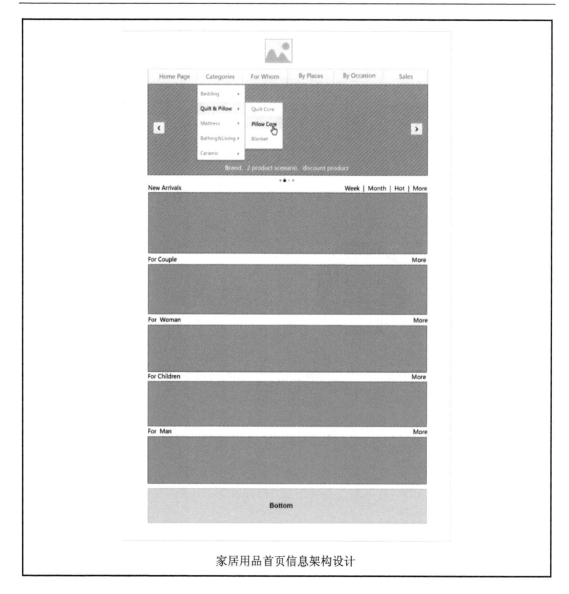

家居用品首页信息架构设计

卡片分类（Card Sorting）

　　卡片分类法是指让用户将一叠具有产品或服务的代表性元素的卡片进行分类以获知用户的使用习惯以及用户期望。分析的结果可以帮助研究人员理解用户心理模型，并为信息架构设计提供依据。

　　开放式卡片分类：没有预先分组，参与者需要自己创建分组并描述每个组，开放式卡片分类适用于新建网站或者对已有的网站的信息重新分类。

封闭式卡片分类：有已经定义好的分组，参与者需要把卡片放入这些分组中，封闭式卡片分类适用于在已有分类结构中添加内容，或者在开放式卡片分类后获取反馈信息。

功能树常作为卡片分类（元素为功能）的产出物用以整理卡片分类的结果。功能树从总体上描述系统的功能布局，展示不同的功能（服务的需求、元素），在每一个分支上列出不同的想法。通过联合不同分支上的想法可以诞生许多新的不同的概念。功能树的优点是直观和概括，清晰地表现了系统的构成。功能树模型的缺点是信息含量小，不能表达功能模块之间复杂的交互关系。

卡片分类法的优点主要有：快速并易于使用，在任何初步设计之前就可完成，有助于了解人们如何组织信息，能揭露深层结构。主要缺点有：只能处理写在卡片上的内容，它得到的解决方案隐含着结构信息，使用它很难浏览更多分类。

卡片分类流程图
Card Sorting Progress

1 制作卡片 Make the card	2 卡片分类 Card sorting	3 收集分析 Collection and analysis
将所有需要分类的元素（如功能）写在单独的索引卡片上，其中每个元素一个卡片	这些卡片搅乱次序后提交给一些用户，用户将这些卡片分类，将关联功能分为一组。然后为每个组提供一个标签。	将每一张卡片的分类情况作一个矩阵，然后看这些卡片被分类的分布情况。

卡片分类流程图

设计案例

案例来自 UxLab 2012 年马拉松赛事平台设计项目，项目组将所有前期调研总结得出的产品应有功能模块写在卡片上，并加入一些与马拉松赛事相关的词汇卡片，请若干用户进行卡片分类，并综合分类结果，修正产品功能架构。

用户正在进行卡片分类的步骤

（续表）

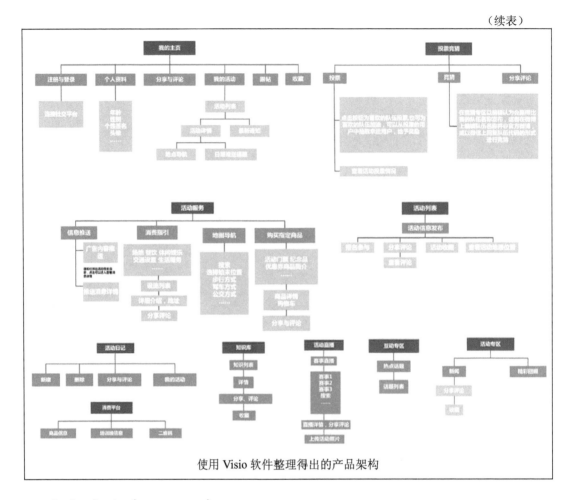

使用 Visio 软件整理得出的产品架构

词汇定义（Wording）

每一个产品架构都包括一套对应的词汇，为规范以后设计过程中对于功能的使用，这套词汇定义了所有信息节点、功能标签、导航等所有语义范围的用词，为避免混乱，词汇的定义一旦确定后不得再更换。词汇的定义应该从用户的语义习惯和常用表达出发。一方面，由于搜索引擎用词在一定程度上反映了用户对某个词汇的熟悉程度或认同感，所以我们可以通过 SEO（Search Engine Optimization）网络热词分析来确定产品系统所用的词汇；另一方面，我们可以将前期调研中用户使用或者提及的词汇收集起来形成一套词汇系统，利用卡片分类的方法招募用户测试，通过用户的反馈来判断词汇的准确度并进行修正。

在卡片分类之前，我们需要确定哪些词汇作为卡片分类的信息来源，这里可以为大家介绍几种方法。

（1）SEO（Search Engine Optimization）热词分析，这是搜索引擎优化里面一项很重要的工作。

（2）同义词环圈，同义词环圈是把一组定义为等价关系的词汇连接起来，以供搜索之用。事实上，这些词汇并不是真正的同义词，而是那些用户在搜索目标时可能用到的其他词汇。例如，我们想搜与信息架构相关的信息，我们可能输入 IA，也可能输入 Information Architecture。

（3）竞品分析，竞品分析也是获得相关词汇的一个途径，若大多数的竞品使用相同的词汇描述某一内容或产品的时候，那么这个词汇就是大家可以普遍接受的词汇，则作为确定词汇；有差别的词汇则可以作为卡片分类的内容，为卡片分类提供词汇来源。

（4）访谈问卷，访谈问卷是前期调研常用的方法，和竞品分析类似，也是为卡片分类提供词源的一种方法，不同的是，它是直接从用户那里获得信息。

设计案例

案例来自 UxLab 2009 年某企业网站建设项目，该项目旨在针对该企业官网信息架构混乱、核心功能不突出等缺点进行优化设计，在概念设计阶段，使用卡片分类对网站的现有功能及导航词汇进行整理和重新定义。

（续表）

5.3　设计

　　这一阶段是交互设计的重点及难点所在，收集到用户需求后，需要将其转化为设计机会及功能点，我们可以利用一些方法梳理用户的行为经历或是项目组成员天马行空的设计想法，保证需求的落地及固化。

头脑风暴（Brainstorming）

　　头脑风暴法是由美国创造学家 A · F · 奥斯本于 1939 年首次提出、1953 年正式发表的一种激发性思维的方法，使用十分广泛。头脑风暴通常在概念设计中使用，鼓励大家开放思维，将头脑中与主题相关的想法都写下来，再根据大家的意见进行分类整理，以此产生对项目有用的创意。头脑风暴强调想法的数量和独特性，在发散阶段成员间应互相尊重，不对其他人的想法进行评论。

　　下面是三种能够提高头脑风暴质量的方法。

　　（1）小组成员逐个轮回地发表意见，这样能保证每一个参与者都有发言的机会。

　　（2）小组成员把自己的想法写在纸上并传给主持人，每一张纸上只能写一个想法。然后记录下这些想法，进行讨论。这种方式能够让所有的参与者平等安静地参与到讨论中。

　　（3）混合的头脑风暴，即结合头脑风暴和通过共识产生最终列表的过程。这种方法强调的是质量而不是数量。每一个想法在被提出来之后，让小组成员进行讨论，如果每个人都表示赞同，那么记下这个想法，这样产生的最终列表就是每个人都提供的、有质量保证的想法列表了。

设计案例

案例来自 UxLab 2015 虚拟培训系统，该平台涉及专业性极强的领域，在专家访谈之后，项目组成员带着专家的建议对如何设定系统的功能模块进行了激烈的头脑风暴会议，并在白纸上写下自己的想法。

头脑风暴会议进行中

成员各自写下自己的想法

思维导图（Mind Map）

思维导图又称心智图，是记录想法和想法之间联系的一种特别的方法，以图像来辅助思维表达。通常以一个想法为中心开始发散，用线条、标志、词语和图片绘制一个包括解决方案和想法的系统。思维导图有助于将设计对象的相关领域知识进行视觉化的梳理，建立各种信息、行为、动作及结果之间的关系。

步骤如下。[1]

（1）从白纸的中心开始画，周围要留出空白。

从中心开始，会让你大脑的思维能够向任意方向发散出去，自由地、以自然的方式表达自己。

（2）用一幅图像或图画表达你的中心思想。

"一幅图画抵得上上千个词汇"。它可以让你充分发挥想象力。一幅代表中心思想的图画越生动有趣，就越能使你集中注意力、集中思想，让你的大脑更加兴奋！

（3）绘图时尽可能地使用多种颜色。

颜色和图像一样能让你的大脑兴奋。它能让你的思维导图增添跳跃感和生命力，为你的创造性思维增添巨大的能量，此外，自由地使用颜色绘画本身也非常有趣！

（4）连接中心图像和主要分枝，再连接主要分枝和二级分枝，接着连二级分枝和三级分枝，依此类推。

所有大脑都是通过联想来工作的，把分枝连接起来，你会很容易地理解和记住更多的东西。这就像一棵苗壮生长的大树，树权从主干生出，向四面八方发散。假如主干和主要分枝、或是主要分枝和更小的分枝以及分枝末梢之间有断裂，那么整幅图就无法气韵流畅，记住，连接起来非常重要。

（5）用美丽的曲线连接，永远不要使用直线连接。

你的大脑会对直线感到厌烦。曲线和分枝，就像大树的枝权一样，更能吸引你的眼球。要知道，曲线更符合自然，具有更多美的因素。

（6）每条线上注明一个关键词。

思维导图并不完全排斥文字，它更多地是强调融图像与文字的功能于一体。一个关键词会使你的思维导图更加醒目、更为清晰。每一个词汇和图形都像一个母体，繁殖出与它自己相关的、互相联系的一系列"子代"。就组合关系来讲，单个词汇具有无限的一定性时，每一个词都是自由的，这有利于新创意的产生。而短语和句子却容易扼杀这种火花效应，因为它们已经成为一种固定的组合。可以说，思维导图上的关键词就像手指上的关节一样。

---

[1] http://mindmap.fltrp.com/mind-2.htm

而写满短语或句子的思维导图，就像缺乏关节的手指一样，如同僵硬的木棍！

（7）自始至终使用图形。

每一个图形，就像中心图形一样，相当于一千个词汇。所以，假如你的思维导图里有 10 个图形，就相当于记了一万字的笔记！

设计案例

案例来自 UxLab2015 商场大数据服务平台设计项目，该平台的使用对象是商场的经营者或管理者，项目组从消费者角度出发，通过其逛商场的故事流梳理消费者的实际需求，并将其转化成商场能提供的功能模块，同时列举出每个功能模块对应的大数据类型，为后续原型设计提供依据。

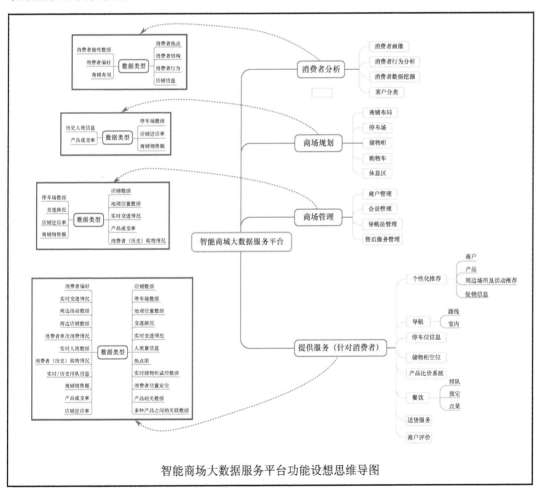

智能商场大数据服务平台功能设想思维导图

KA 卡片（KA Card）

基于定性信息和文本表达，试图产生新产品和行销策略的想法，与 Kurosu（2004）的"微场景法"相似。

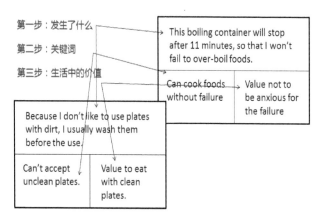

KA Card 设计过程

设计步骤如下。

第一步：发生了什么。

解析从实地调查得到的文本资料，并分列成几个部分。每个部分包括情景和动机、行为、结果。

第二步：关键词。

基于"发生了什么"，把主要内容转换成生动描绘情景的关键词。可以理解成"用户体验时的内心感受"，也可以是对"发生了什么"的主观感受的描述。

第三步：生活中的价值。

基于"发生了什么"和"关键词"的抽象，创造包含"生活中的价值"的短语。

第四步：对 KA 卡片进行编组。

"发生事件模块地图"基于发生事物的情景信息。

"价值地图"基于生活中的价值信息。

应用 KJ 亲缘图方法把子小组归整为更大的组。

第五步：定位。

在地图上覆盖已有产品。

已有产品不能在地图上找到定位；已有产品不能够令人满意地定位；产生有关新产品

或新市场的新想法。

设计案例

案例来自 2014 年 Uxlab 汽车安全驾驶研究与倒车场景 HUD 设计项目，在前期的安全驾驶研究中项目组已总结出与安全驾驶相关的各类场景并做好分类，使用 KA Card 能够描述汽车安全驾驶中发生事故的场景、原因及可能的解决方案，有助于概念原型的生成，促进概念设计点及创新点的产出。

项目组成员产出的 KA Card

项目组成员正在讨论

A1:	
周围车辆比较少时，陶姐想从辅道变到主道，于是打转向灯变到主道的中间车道	
路况好，车辆少，一下子变两个车道	打转向灯，便道行驶 从辅道切换到主道
在跨第二个车道时语音提示：请尽量不要一次跨两个车道。但不是要阻止用户，只是提示。	
自动打转向灯，可结合路线，也可结合车轮和路面标志的距离，用来判断是否转向和转向的方向（不过还有一个车道偏离的情况需要考证）	
若驾驶员短时间内打两次转向灯则进行提醒，并记录该行为、扣分	
变道时自动打方向灯	
A2:	
人车较多的窄路行驶，不断踩刹车，感到烦躁	
交通拥挤，心情烦躁	低速行车 自动巡航
自动驾驶	
自动驾驶，在人比较多的窄路行驶的时候，车辆感应周围车辆、行人、非机动车和障碍物，驾驶员无需任何操作进行自动驾驶。同时，车内可以有一个娱乐环境：可以听歌、玩游戏。也可以有一个办公环境：用来发邮件等，所有的信息都可以通过云存储或更新	
低速行驶时：（1）自动巡航，（2）HMI 显示周围车况，（3）车内放松模式（情绪监控，安抚音乐+令人放松的花香或空气清新剂）	
当驾驶员一直保持较低速度或者手动调整自动巡航系统，自动刹车，保持较低速度跟车	
A3:	
路况较好，周围车辆较少，且前车行驶速度较慢时，陶姐频繁变道超车（以较快的速度行驶）	
性子急，频繁变道超车以节约时间	频繁且快速变道超车——安全隐患
自动打转向灯，为了避免车速太快没有注意盲区（大车阻挡），增加路口提示，或用分辨度不高的颜色框出前方车辆	
当驾驶员频繁变道时，汽车对周围环境进行检测，同时告知驾驶员是否可以进行变道	
周围车况检测，告知用户变道超车是否在安全范围	
超车时显示与左右车的距离	
A4:	
要转弯，已经预先知道周围环境，确定无车尾随后，变道不打转向灯	
自以为是转向灯	避免驾驶者太过自信而发生意外的价值 避免忘记一些重要操作的价值
自动打转向灯	
可以与驾驶路线结合，当需要转弯的时候，即使驾驶员没有主动打转向灯也可以自动打开转向灯	
驾驶员不打转向灯，系统强行打开并进行安全驾驶行为规范警示	
转弯自动打转向灯	

KA Card（节选）

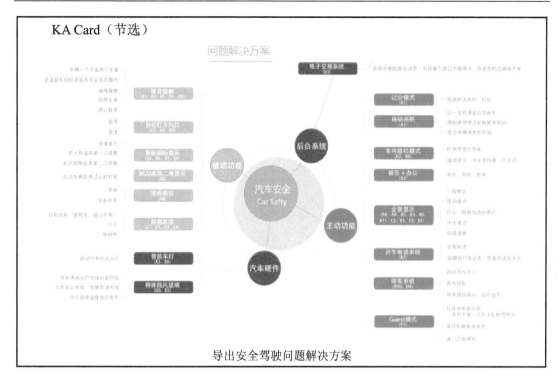

导出安全驾驶问题解决方案

服务蓝图（Service Blueprint）

服务蓝图是一种准确地描述服务体系的工具，它借助于流程图，通过持续地描述服务提供过程、服务接触、员工和顾客的角色以及服务的有形证据来直观地展示服务[1]。它是用来改善服务流程质量、设计优质服务流程的重要工具，现在被广泛应用于服务设计领域。服务流程本身是一种无形的形式，借助服务蓝图则可以把这种无形的服务流程有形化、可视化，从而可以比较，分析其优劣。服务蓝图有两大要素：服务时刻（可触发服务的任务节点）和服务序列（以视觉的形式展示服务路径）。

不像有形物品属于特定的人士，归属于拥有者，服务仅存在于传递过程中。在传递过程中，有传递主体和被传递到的主体。以用户为中心，站在用户的立场去体验服务流程，用户是被传递到的主体，传递的主体有可能是商店的售货员、酒店的自动售卖机、旅行时的导游，总之是用户能够接触到的人或物。服务蓝图其中一个有意思的地方是不仅仅要画出用户能够接触到的服务流程，还要显示出用户不能接触到的服务流程。因此，服务蓝图纵向可以分成前台行为和后台行为。

---

① Fitzsimmons J A， Fitzsimmons M J. Service management. New York: McGraw Hill， 1995

设计案例

案例来自 DMRC 硕士论文《老年慢性病人的看病流程研究与设计》，作者从服务设计角度出发，研究现有医院看病流程中存在的服务问题。根据用户研究发现，不同行为特征的慢性病老人的看病需求和看病行为有所差异，根据是否住院和是否紧急这两个与看病活动密切相关的行为属性，把慢性病老人分成了普通住院老人、紧急住院老人和不紧急不住院老人这三类人群，每类人群分别对应不同的次要属性。然后与不同人群对应，整理出不同的服务场景。接着，根据不同服务场景划分出不同的接触点，综合访谈资料、人群分类，分别给每类人群绘制了服务蓝图。通过老人感知的服务蓝图，发现医院现有看病流程的不足。

普通住院老人在普通门诊任务的行为次序为：到达医院→挂号→分科→拿到号码纸→寻找科室→候诊→看诊→拿到检查表→寻找检查科室→交检查费→挂号→等待→检查→看诊→拿到诊断结果→寻找入院窗口→办理入院手续→缴费→领取饭卡→入院。创建服务蓝图如下图所示。

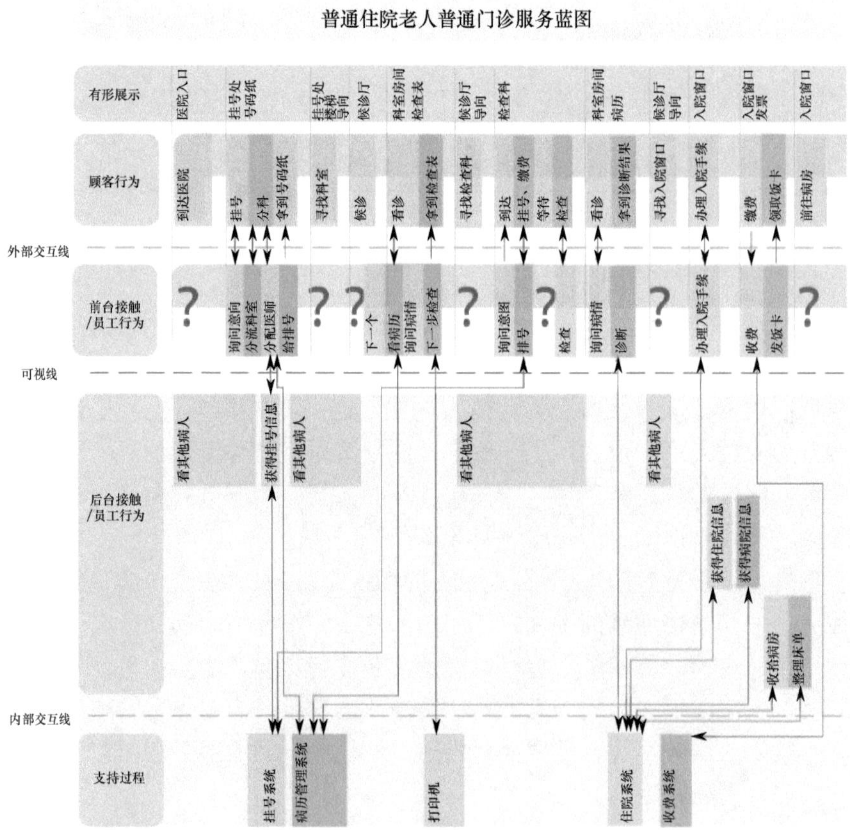

普通住院老人普通门诊服务蓝图

（续表）

结论：
　　在病人到达医院、寻找科室、候诊、寻找检查科、候检、寻找入院窗口等服务接触点，服务有待提升。在候诊候检接触点，病人需要等待较长时间。在寻找科室、寻找检查科和寻找入院窗口这些接触点，医院导向不明显、服务连接不连贯情况显著，令病人有迷失感。

接触点设计（Touch Point Design）

　　接触点指的是个人的无形资产或是构成一项服务的所有经验的互动。接触点的种类繁多，综合而言可包括：口语传播、交互式语音应答系统、沟通的印刷品、地点的特定部分、对象、顾客服务、商店、通信和邮件、运输、电子邮件、伙伴、网站和网络、手机与 PC 接口、广告、标志、销售点等。接触点经历着从传统到现代的发展，在网络时代，越来越多的新媒体媒介被应用到接触点上。服务接触是公司与顾客服务接触的瞬间，也是提供最真实感受的瞬间，对服务质量、服务满意度有最直接的影响。顾客在接受服务时一般有多个服务接触。接触点是组成服务蓝图的重要因素。服务流程是由服务接触点连接而成的。服务流程的每一个接触点都是一个设计机会，可以对其进行功能设计和优化体验。

　　服务接触点相当于服务蓝图的有形展示、顾客行为和前台接触/员工行为三种类型元素在某个时刻的交互行为。

设计案例

　　案例来自 DMRC 硕士论文《老年慢性病人的看病流程研究与设计》，作者从服务角度出发，研究现有医院看病流程中存在的服务问题，并将看病的老年慢性病人进行用户分类，根据不同用户的看病服务蓝图，找出看病流程的不足及缺陷，通过服务蓝图中顾客的行为分析老人看病流程中的接触点，找出对应的服务场景。

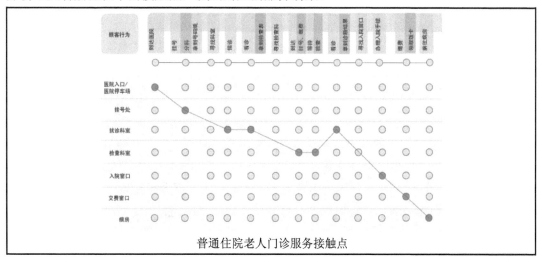

普通住院老人门诊服务接触点

（续）

> 结论：
> 　　普通住院老人完成门诊任务需要找到的场景包括：医院入口/医院停车场、挂号处、就诊科室、入院窗口、交费窗口和病房。病人几乎每完成一个行为就要换一个场景。普通门诊的等待和服务场景连接存在问题。在时间感知方面，老年慢性病人感觉到经常需要排队等待；在服务环境方面，他们感觉到经常找不同的窗口，有迷失感；在人员沟通方面，医院服务人员让人感觉陌生，即使经常复诊的老人也没有跟医护人员产生一些感情交流。

用户体验地图（User Experience Map）

用户体验地图从用户的角度出发，用导向图描述用户在整个任务流程中与服务或者产品本身不同的交互接触点。

用户体验地图详细描述了不同用户在一个系统中采取什么步骤来完成一个特定的任务，这个系统可以是应用程序或网站。这个方法显示了当前或者原有的用户工作流，并揭示了将来的工作流需要改进的地方。用户体验地图的重点在用户、他们看到的东西以及点击的东西。比起那些不同点击路径之间的关系，体验地图只是用户在完成一个特定的旅程时会点击的文本列表，它的目的就是了解用户现在的工作流。[①]

步骤如下。

（1）指导原则：在考虑地图之前，首先要明确 3～5 个调查结果或者基本原则，比如为什么人们选择这个业务而不是那个业务的原因（比如使用银行而不是将钞票藏在床底下）。

（2）行为模型：每个项目有不同的模型，但每个模型中必须把重要的维度展示出来，如一个阶段到另外一个阶段的转变、不同媒介之间的转变；在这些转变点上需要思考一些问题：有多少人使用这些特定的媒介、哪些部分的体验已经被破坏了等；同时将用户的操作连接到设计的系统中。

（3）定性观点："doing"（就是上面的路径模型），通常至少关联 2～3 个"Thinking"（通常以问题的形式，比如要花多少钱，我能用这个吗，它有什么用？）和"feeling"（感受的反馈，如受挫、满意、悲伤、迷惑等）；通过这部分的处理就可以了解特定接触点对用户的重要性和价值。

（4）定量观点：应该包含在上面的组合中，以平衡模型的相关部分，比如指出只有 20% 的用户遇到这个接触点，或者用户操作的某个阶段与商业价值是无关的。这些都可以用水平线图表示出来，或者用特殊的箭头。

（5）机会点：这里解决来自于对用户行为以外的思考，或者是在思考/感受过程中没有被系统解决的问题提出的建议、解决办法；这些建议、方法可以分为阶段或作为一个全局

的方式归组，它可以连接到多个阶段来提高效率、给用户更多的控制权、让用户受益，比如帮人们拟定计划，让用户变得更精明。

随着电商、本地化服务的不断渗入，线上线下一体化的体验变得尤为重要，以前线上体验的设计方式将不再适应一体化的体验设计，这就需要通过用户体验地图等新的方式来进行用户体验。

准备如下材料。

用户角色、观察记录，或者再加上行为研究、调查问卷、竞品分析。

用户角色——最有效的体验地图通常会配合用户角色以及情境故事一起制作。每个体验地图都应该呈现某个特定产品目标使用者的真实特性，并且该使用者有明确的任务和目标，以后或许会写如何有效地做用户角色。

观察记录、行为研究、调查问卷、竞品分析——都是为了同一个目的，获取大量真实、可靠的原材料。体验地图上每个节点的对应内容，都应该是经过长期的用户研究获取的资料。所以，也可以说体验地图是用户使用中问题的有效梳理方式。

设计案例

案例来自 UxLab 城域文体活动运营设计项目，该项目借鉴全媒体运营经验，将传统的线下文体活动打造成全媒体生态的运营。项目组使用用户体验地图梳理用户在使用体育产品时的接触点及情绪，分析全媒体手段的介入时间以及介入方式，从中挖掘设计机会。

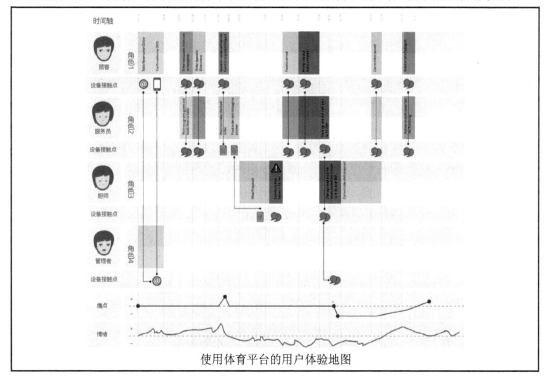

使用体育平台的用户体验地图

综合案例：基于微信的餐饮互动服务模式研究

案例来自 DMRC 硕士论文《基于微信社交平台的餐饮互动服务研究》。

本研究在微信已有功能的前提下对其未来功能进行合理设想，提出基于微信的餐饮互动服务模式，使得各类餐饮商户能以较小的投入实现 O2O 模式的管理与营销。

1. 基于微信的餐饮互动服务模式定位

在餐饮消费过程中，商家和消费者共同构成整个互动行为的主体角色，因此，在对基于微信的餐饮互动模式进行设计时，除了应该满足用户研究过程中得出的消费者需求之外，还要满足商家在品牌展示、降低运营成本、进行客户管理与服务、形成品牌和口碑、提高收入等方面的需求。

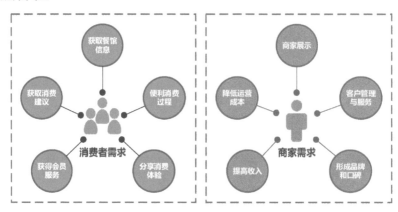

基于微信的餐饮互动服务模式应满足的双边需求

模式一，基于位置的餐饮信息获取

餐饮的实体消费特性决定其必须与地理位置结合，随着传统的 LBS 慢慢失去活力，基于微信的 LBS，区别于传统 LBS 过度集中于商户端的强推方式，可以从培养用户的黏度和习惯入手。与其像传统的 LBS 一样让用户签到再推送信息，不如让用户自主获取与位置相关的信息。而具体到餐饮领域，微信可以在以下两个主要行为过程中介入 LBS 服务：一是当人们需要查找餐馆时，可通过"查找附近的餐馆"功能实现，进而查询餐馆详细信息；二是在消费行动后的信息分享中，除分享文字、图片、表情外，加入餐馆位置分享功能。

涉及的功能点：

- 查找附近的餐馆；
- 餐馆位置分享（一对一分享、群组分享、朋友圈分享）；

- 查看并咨询在这里消费过的好友；
- 查看大众点评中的消费者评价。

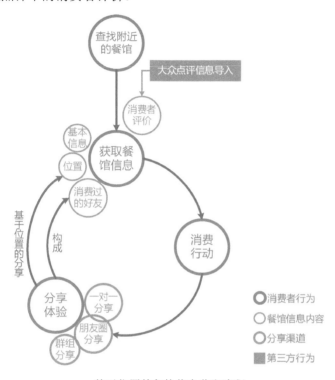

基于位置的餐饮信息获取流程

模式二，基于微信社交关系的以食会友

"以食会友"模式作用于餐饮消费决策前的咨询、餐饮消费中的邀约结伴以及餐饮消费后的体验分享环节。在信息获取方面，用户研究结果表明，人们在餐饮决策的时候往往会先上大众点评网进行查询，然而，以上信息提供者对信息接收者来说位于陌生人社交圈内，信息真假难辨，可信度不高。基于微信的社交属性以及"在这里消费过的好友"功能的接入，人们可以在强关系社交圈内向有亲身消费经验的好友进行一对一的咨询与回复，获取相熟的真实消费者的意见，可能会对用户的消费决策造成潜移默化的影响。

另一方面，用户研究结果显示，餐饮消费往往伴随着邀约、结伴行为，人们往往会与强关系社交圈内的好友共同用餐。因此，在通过充分且可信的餐饮信息获取之后，人们还可直接使用微信的通信功能，通过一对一聊天、群组聊天或朋友圈发消息的形式，邀约有共同饮食爱好或彼此相熟的好友组团消费。

最后，针对"餐饮消费过程中，人们最看重菜肴本身的情况"和"餐饮消费后，人们有很强的餐饮消费体验分享意愿"这两个用户研究结果，可利用微信分享功能，向好友分享菜单、推荐菜或餐馆。

因此，这一模式的设计主要满足了消费者获取消费建议和分享消费体验的需求，同时对商家形成口碑传播。

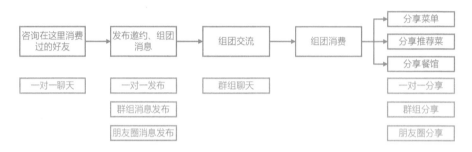

基于微信社交关系的以食会友流程

涉及的功能点为：

- 查看在这里消费过的好友；
- 微信聊天；
- 发布邀约、组团消费信息；
- 分享菜单、推荐菜或餐馆。

模式三，基于微信公众平台的自助用餐

用户研究发现，在用餐过程中，消费者常遇到等座时间长、点餐过程选菜恐惧症、等餐过程漏单、结账过程耗时多、流程繁琐等问题。

通过下面的用户体验地图，我们可以清晰地看到在传统餐饮模式下，随着时间的推进，用户的行为流与服务员、厨师行为流的互动关系，并从中挖掘用户痛点、情绪变化和成本。一般情况下，餐馆只提供电话或现场订座，甚至不接受订座，消费者到达后须面对数分钟到数十分钟甚至数小时的等待；而在点餐环节，服务员平均需要花费 5～15 分钟帮消费者拿菜单和等待消费者点菜，消费者相应地也出现 5～15 分钟的等待；下单后，如果出现消费者催单的情况，服务员又要在消费者与厨房之间来回沟通，消费者在整个沟通过程中始终无法直接与厨房取得联系；到了付款阶段，拿账单、找零、开发票等一系列服务更有可能让一位服务员来回跑上两三趟，再次带来消费者的长时间等待。如果餐馆店面比较大，或者有几层楼的话，服务员更是要楼上楼下来回跑，一趟起码需要三五分钟才搞得定。这样的经营模式不仅造成了人力资源的极度紧张，还使得消费者在这个过程中频繁等待、情绪波动。

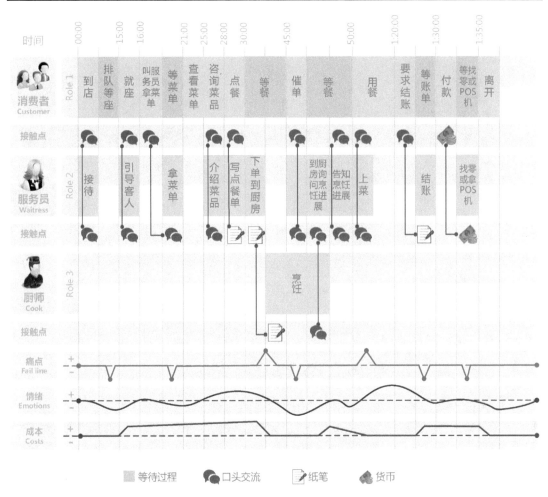

传统餐饮服务用户体验地图

目前，微信公众平台已正式开放了"自定义菜单"的 API，使得公众账号的功能更加强大，每个公众账号都有成为一个完整 APP 的潜力。使用公众平台的自定义菜单，餐馆的公众账号可以将订座、点餐、催单、支付流程从线下分流到线上完成。这一模式满足了消费者获得便利的消费过程的需求，同时，减少了餐馆的人力成本，使服务员节省更多时间以便在其他真正需要人力介入的环节更好地服务消费者，有助于提高收入。微信介入后，自助用餐服务的用户体验地图如下。

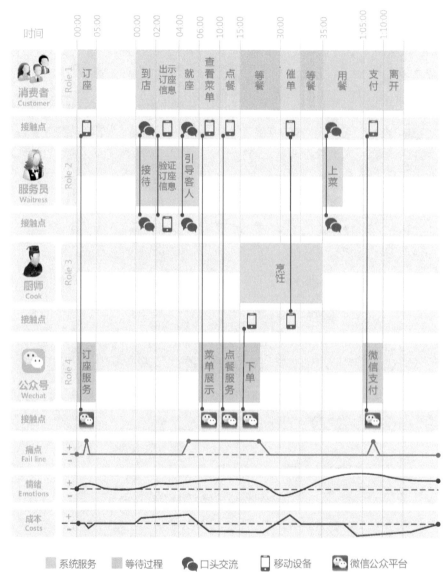

基于微信公众平台的自助用餐服务用户体验地图

涉及的功能点为：

- 公众平台（商户展示、订座、点餐、催单）；
- 微信支付。

模式四，基于客户关系管理的精准推送及口碑传播

用户研究发现，消费者希望感受到更多价格优惠之外的"会员"礼遇。汇集了消费者身份信息、消费记录和联系方式的会员卡，就是餐馆为客户提供贵宾服务的数据来源。

此外，微信公众平台还为餐馆提供了一个直接与客户对话的渠道。通过自动回复内容的设置，可以实现常见问题的自动回复。而通过人工客服的介入，餐馆可通过微信公众账号对客户的更多提问、反馈进行答复，完善客户关系管理流程。

餐馆客户关系管理及精准推送流程

在获得餐馆的优质消费服务和精准消息推送的良好体验后，消费者往往会在与好友就相关主题的沟通中形成口碑传播。对于餐饮业来说，口碑营销在所有营销方式中收效最显著，不仅极易降低消费者对价格的敏感性，还能提高消费者的忠诚度。在微信中，口碑传播的形成与传播过程大致下图所示。

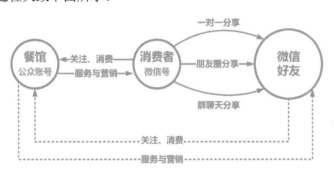

基于客户关系管理的精准推送及口碑传播过程

可见，这一模式既能满足消费者获取会员服务、与商家直接沟通的需求，又能满足商家进行消费者管理、进行客户服务与营销的需求。

涉及的功能点为：

- 公众平台消费者管理后台；
- 公众平台分组消息推送；

● 公众平台消息管理（自动回复、人工回复）；

● 消费体验分享（一对一分享、群组分享、朋友圈分享）。

2. 微信应用于餐饮的生态闭环与商业模式

从消费者的角度来看，通过"附近的餐馆"、"查看消费过的好友"、"商户展示"、"自助服务"、"会员管理"、"朋友圈"、"微信支付"等主要功能，以及微信中的社交关系，满足了消费者获得餐馆信息、获取消费建议、便利消费过程、分享消费体验、获得会员服务这五大餐饮消费互动需求，构建了微信应用于餐饮的生态闭环。

微信应用于餐饮的生态闭环

从商家的角度来看，这四种模式满足了商家在品牌展示、线上运营、客户管理、客户服务、客户沟通等方面的需求。这一方面加速了餐饮商家的信息化过程，节省运营成本；另一方面通过客户关系管理，增加了餐饮商家与消费者接触的机会，有助于吸引更多消费者，构成了如下商业模式。

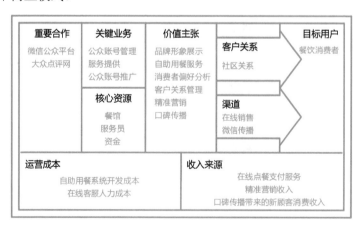

微信应用于餐饮的商业模式

　　四种模式的应用在微信的 SNS 功能之上，实现了 O2O 商业模式的良性循环。第一步，微信公众平台作为消费决策入口，引流大量消费者；第二步，通过对餐馆信息的展示及好友关系的链接，辅以各类活动信息，帮助消费者做出消费决策，并完成订座、点餐、支付等过程；第三步，消费者在线下商户完成消费；第四步，消费者使用微信分享消费体验，提供消费建议，微信上汇聚信息进而吸引更多新的消费者，帮助引流；最后，餐馆通过微信公众平台管理消费者信息，建立餐馆与过往消费者的沟通交流渠道，维护客户关系，进行精准推送，提高回头率。

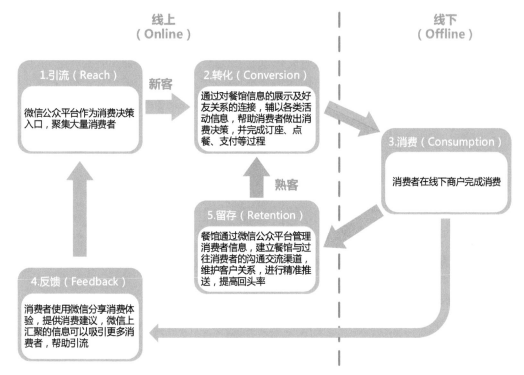

微信应用于餐饮的 SNS+O2O 商业模式良性循环

　　图中，蓝色箭头形成的闭环代表一般消费者（新客）的决策、消费流程；红色箭头形成的闭环则表示熟客的消费过程。

第 6 章　信息架构与设计实现
（IA & Implementation of Design）

有了概念设计的模型，接下来需要梳理产品的信息架构、功能、流程以及界面设计。原型在这一阶段扮演着重要的角色。原型设计最大的好处是能够在表现层将设计合成为一个逻辑整体，客户能够和设计师一起看到未来交互的软件蓝图、功能和效果，获得较真实的感受，在不断讨论的基础上完善未来的设计思路。通过原型这个整合体，使每个开发人员和设计人员对产品所提供的目标一目了然，这相当于做了一份详细的需求分析。这一阶段包括原型设计、信息架构设计和视觉与交互设计。

6.1　商业

这一阶段涉及商业设计的部分较少，在产品的市场定位与商业模式确定之后，主要的工作就是将商业理念及品牌文化体现在产品的架构及界面之中。

组织系统设计（Organization System Design）

组织系统是为我们展示信息的各种方式，诸如整个校园（例如顶端的横条，以及"calendar"、"academics"选项）或者特定用户群的内容分类。它与标签系统、导航系统和搜索系统合为信息架构的四大组件。组织系统的内容由两部分组成，组织体系和组织架构。不同设备界面的组织系统设计有不同的特点和适应性，比如 Web 端，PC 端、IOS、Android等。本书主要选取 Web 的组织系统设计作为示例。

Web 组织系统设计

1）Web 的组织体系可以分为精准性组织体系和模糊性组织体系两种

- 精准性组织体系主要有三种类型，按字母顺序、按年表和按地理位置，这种体系适用于已知条目搜索，因为用户已经知道他们要找的是什么。
- 模糊性组织体系主要有五种类型，主题、任务、用户、隐喻和混用。这种体系适用于浏览与联想式学习，因为用户对其信息需求也不明确。

2）Web 的组织架构可以分为简单组织架构和混合组织架构，其中组织架构有层级式、数据库、超链接和线性组织架构，混合组织架构有简单层级+数据库、目录、中心辐射、子站、集中入口和标签。

Web 组织架构分类

	适用内容	适用人群	挑战和话题
层级	拥有各类内容的小型站点	习惯先阅读概述信息，然后阅读详细内容	平衡内容的广度和深度
数据库	内容具有一致性	想通过更多方式进入内容	所有内容需要适应于结构，且不要收集超出需求的元数据
超链接	内容还不完整，需要不断地添加补充	追随相关材料的链接	作者需要了解链接的内容；当内容完成后，可能需要重构
线性	顺序性内容	用户想按照特定顺序理解某些内容	只有当用户必须按顺序阅读时才使用
简单层级+数据库	综合性内容加上具有一致性结构的内容类型		区分出哪些内容需要结构化，哪些不需要
目录	大量结构性内容集	寻找特定类别，然后顺藤摸瓜查看具体产品	
中心辐射	分级内容	用户每次都回到中心页面，然后再查看新的内容	
子站	大型企业和政务站点，需要许多独立的内容版块		考虑子站是否需要统一的导航/页面布局和品牌
集中入口	任意入口均可，通常采用层级结构	用户想随心浏览，且没有最好的方法	
标签	大量内容集	根据自身的定义发掘信息，轻松找到相关信息	谁有权限进行标签操作

案例

- 按任务的组织体系

任务导向的组织体系会把内容和应用程序组织成流程。任务导向的组织体系对电子商务而言是最常见的。

- 按用户的组织体系

网站或者企业网络会有两组以上可以清楚界定出来的用户，采用以用户为主体的体系就更有意义。

按任务组织

将任务图形化

Ebay 首页组织体系[①]

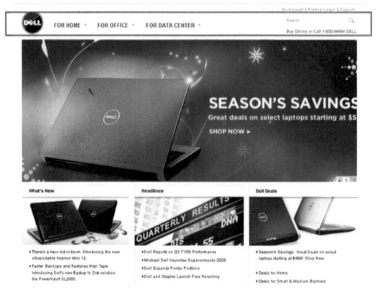

按用户类型组织

DELL 首页组织体系[②]

---

① http://www.ebay.com/
② www.dell.com

6.2　信息

　　信息架构将在这一阶段扮演重要的角色。信息架构最初是从数据库设计领域中诞生出来的概念，是一个组织信息需求的高级蓝图，包括一个企业所使用的主要信息类别的独立人员、组织和技术文件。信息架构的主体对象是信息，它是对信息环境的结构化设计，搭建信息架构使得呈现的信息更加清晰，它的最终目的是帮助用户快速地找到想要的信息，搭建用户与信息之间的桥梁。信息架构的设计往往优于界面设计，明确了产品的功能逻辑及架构才可对界面的控件设计及布局编排提供依据。

界面流程（Interface Operation Process）

　　界面流程图，又称 OP 图，它借助原型图描述任务，关注用户与系统交互的操作细节，使整个流程看起来更加生动，帮助设计师检验产品或者服务的功能是否齐全，避免出现流程缺陷。一张 OP 图由界面原型图及简单的文字线条构成，能够表示用户的操作和页面跳转之间的关系，在必要的时候，还需要在 OP 图上添加应用对用户操作的反馈。OP 图不仅能帮助设计人员理解程序的工作流程，也能帮助程序员理解开发程序，在应用开发优化过程中是一种不可或缺的工具。

　　对于一个应用程序，我们至少需要一张 OP 图来表示应用主功能的工作流程，根据需要，可以考虑是否添加其他 OP 图，一般情况下，我们需要绘制不止一张 OP 图。根据我们对流程架构的不断修改，一个项目中，我们会画多个版本的 OP 图，直至确定最终版本。

设计案例

　　案例来自 UxLab 2012 年商务随行移动客户端优化项目，该客户端主要用于营业员购买公司对外销售的商品，已有客户端的购买流程与网页版基本上保持一致，但从移动设计和使用场景的角度上显得冗余，项目组对购买流程进行简化后，在原型的基础上用界面流程图阐释该软件优化的主要流程并进行梳理。

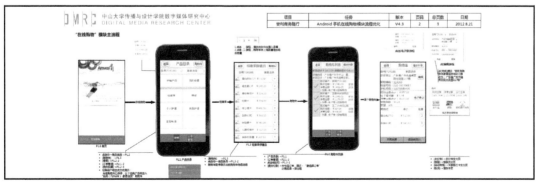

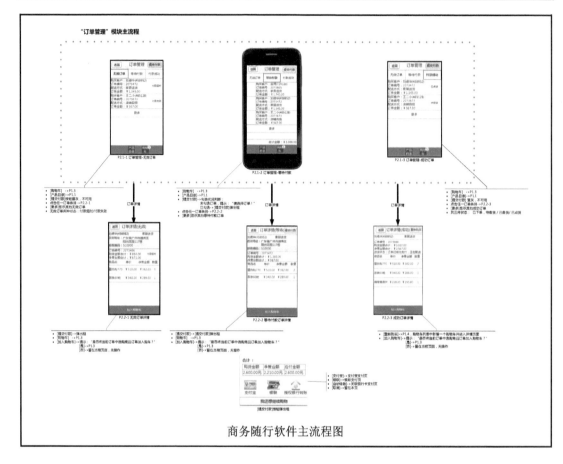

商务随行软件主流程图

标签系统设计（the Label System Design）

标签系统由标题和文字等组成，带领人们找到想要的信息，每个标签都是系统的一部分，系统需要使用对用户来说有意义的语言描述分类目录、选项及链接。

标签是最初诞生于印刷业的一个名字，是用来标志目标分类或产品详情的东西。在架构设计中，设计标签是不可缺少的一环，它是从我们日常生活中常用的实物标签发展而来的。在 Web2.0 中，标签是一个重要的元素，它是一种互联网内容组织方式，是相关性很强的关键字，它帮助我们轻松地描述和分类内容，便于检索和分享。当然，不仅是网站的设计，在移动端的架构设计中，标签也是一种被经常使用的工具。

如何获得设计标签的灵感？

向用户学习。努力将标签系统和用户期望相匹配。虽然很难设计出一个单个的、完善的系统满足所有访客的需求，但目标是尽所能优化，这个过程中可以使用卡片分类这种方式。

　　使用词典和词汇生成器。当中途卡住的时候，要集思广益，想出尽可能多的替代方案。翻阅字典，寻找同义词和其他的词性，也可以求助于关键词建议工具。

　　看竞争对手的网站。同行业和市场的网站，其标签的模式也相似。观察竞争对手如何为他们的导航和网站功能加标签，使用这些词汇会带来哪些优势。

　　看搜索日志。如果用户在使用搜索之前没有在网站上找到可以作为标签的词汇，代表存在用户期望看到却没有看到的标签。寻找这些语言中的模式，以及用户用来描述网站内容的用词，是标签系统的一个主要来源。

　　使用"Tag"。自由使用"Tag"的网站，越来越受欢迎。这些网站允许人们使用"Tag"来收藏页面，便于日后取用。对设计者而言，"Tag"也是潜在的标签来源。

　　好的标签应满足以下几点要求：

　　首先，它要匹配概念，并且符合读者的使用方法。

　　其次，它应该被一致地使用。

　　最后，它应该能够正确地表述目标或内容。

　　如何定义标签？

　　一般遇到这种问题的时候，设计人员可以结合用户研究的结果，采用卡片分类的方法，进行标签的定义，同时可以参考搜索条件、引用条件以及现有的标签，定义标签。

　　案例

　　● 标签作为情景式链接

　　指向其他网页中大块信息的链接，或者指向同一网页中的另一位置。

谷歌搜索页标签[①]

---

① www.google.cn

- 标签作为索引词语

提供搜索或浏览的关键词和标题词。关键词和标题词代表的是内容。

BBC 首页索引[①]

导航设计（Navigation Design）

导航包括导航条、超链接、按钮和其他可点击的项目。导航不是简单的一个条形，它是一个完整的系统，链接了不同的模块和不同的需求。

导航的功能：

- 是用户在网站里的一条路；
- 引导用户浏览所需的内容或功能；
- 显示信息的上下文；
- 显示相关的内容；
- 帮助人们找到未知信息。

---

① http://www.bbc.co.uk/

导航条
Navigation bars

超链接
Hyperlinks

按钮
Buttons

其他可点击项目
Other clickable things

导航
Navigation

它是用户在网站里的一条路
It is a way of getting people around a site.

引导用户浏览所需的内容或功能
Let people browse to the content or functionality they need.

显示信息的上文
Show the context of information.

显示相关的内容
Show what is related and relevant.

帮助人们找到未知信息
Help people find information they didn't know about.

导航的内容和功能

导航设计的一个共同目标，是创造无需费力的信息交互。导航应是用户"看不见"的。由此，衡量它的效用成了问题：当一件东西只有不被注意时才是最好的，要展示其价值就较难了。

成功导航有以下几个特点。

平衡。这里的平衡是指广度（Breadth）和深度（Depth）的平衡，即单个页面上可见菜单项的数目与层级结构中级别数目的平衡。

易于学习。导航的意图和功能必须一目了然，不但对以赢利为目的的大信息量网站如此，对任何类型的网站导航也是一样。

一致性和不一致性。这里的一致性指的是：链接机制出现在页面中固定的位置；其行为可以预料；有标准化的标签；在网站中看起来都一样。这里的不一致性则指的是，导航机制在位置、颜色、标签和总体布局上的变化，这样能够创造网站中的行进感。

反馈。导航系统应该给用户提示，指引用户如何导航。文字和标签是人们识别选项或者当前页面主题的主要方式。除此之外，应该从两个方面考虑导航的反馈：选择某个导航选项前的鼠标悬停行为，以及过渡到新页面后展示当前的位置。

效率。即信息的路径应是有效率的。应该努力创造容易看到和点击的导航链接、tab 和图标，避开那些不必要的点击。

明确的标签。链接的标签对于创造强烈的信息气味是绝对关键的。避免使用术语、品牌名称、缩略语和可爱或聪明过头的字眼。

视觉清晰。颜色、字体和布局都有助于更丰富的信息体验。视觉设计（Visual design）不仅仅是让外表看起来不错，它还能创造更好的方向感与更佳的导航可用性。

与网站类型相称。导航的成功与否，与其所在网站的类型息息相关。不同类型的网站对网站导航的要求也是不一样的。例如信息类的网站应增加导航的广度，学习类的网站导航就应该简单而明确。

与用户需求一致。导航的成功与目标群体及其信息需求有关。但是确定信息需求并不容易，首先要定义好你的目标群体，其次是找出每个群体的主要信息需求。

网站导航的类型： 主要导航有横向导航、纵向导航、倒 L 型导航、选项卡导航、下拉式导航、弹出式导航、整页导航、页内导航、上下文链接和相关链接，还包括面包屑、标签云、网站地图、页脚、索引和过滤器这些类型的导航。

移动应用的导航模式： 有跳板式、列表菜单、标签菜单、画廊式、仪表板、隐喻和大数据量菜单这些主要导航，也有页面切换式、图片切换式和扩展列表式这些次级导航模式。

案例

- 纵向导航

纵向导航一般位于页面的左边或右边。导航置于页面右侧时，内容区域得到强调，导航置于左侧，对用户来说更加容易识别。

纵向导航[①]

- 倒 L 型导航

倒 L 型导航是横向导航和纵向导航结合的一种导航形式。横向导航作为主导航在各页面中保持一致，纵向导航根据不同页面内容而变化，适用于大型网站。

---

① http://www.newriver.co.kr/

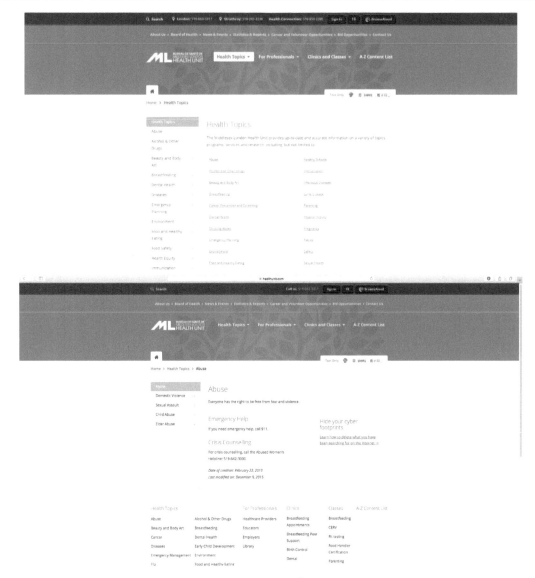

倒 L 型导航[①]

站点地图（Site Map）

站点地图是一张用户可能访问的页面清单，它能够反映出站点所有页面的层次关系，

---

① https://www.healthunit.com/

它是一个网站所有链接的容器。它是根据网站的结构、框架、内容生成的导航网页。它可以是一个任意形式的文档，用作网页设计的设计工具，也可以是列出网站中所有页面的一个网页，通常采用分级形式。有两种形式的站点地图，一种是 XML 站点地图，这种形式的站点地图用户是不需要看到的，但它能够告诉搜索引擎站点所有的网页以及页面之间的重要性和更新周期。另外一种是 HTML 站点地图，它帮助用户找到页面上的内容，并且不需要包括所有的页面和子页面。站点地图可以优化网站的搜索引擎，确保找到所有的页面。此外，站点地图还可以起到辅助导航的作用，因为它提供了网站所有内容的概述。

　　小型网站的站点地图还可以考虑置于页脚，帮助用户在内容页和搜索引擎之间跳转，寻找所需信息，可以罗列网站的所有信息。但是，对于大型网站而言，这种站点地图只适合罗列网站的主要内容。

　　作用

　　（1）为搜索引擎自主提供可以浏览整个网站的链接；

　　（2）为搜索引擎自主提供链接，指向动态页面或者采用其他方法比较难以达到的页面；

　　（3）作为一种潜在的着陆页面，可以为搜索流量进行优化；

　　（4）如果访问者试图访问网站所在域内并不存在的 URL，那么这个访问者就会被转到"无法找到文件"的错误页面，而站点地图可以作为该页面的"准"内容。

　　案例

Intel 的网站地图[①]

---

① www.intel.com

小型网站——星巴克官网 Starbucks[①]

6.3　设计

如本章序言所述，这一阶段原型设计及界面设计是重中之重。原型除了带给客户感官上的感受外，还能在做深入调整前就收集反馈。编码的代价是很大的，系统重构的代价更大，可能会导致项目的目标无法完成。但是在原型中改变一些重要的交互行为或布局等所花费的只是一点点沟通的时间，并且通常一个人就能对原型进行构建和维护，不会打断其他进度。

纸上原型（Paper Prototyping）

纸上原型是低保真原型的一种，虽然很粗糙，但通过纸面的转换能使用户得到系统真

---

① http://www.starbucks.com/

实的反馈，允许多次评估和迭代，从而得到改善设计的信息。

优点：

（1）使用较早且经常使用；

（2）易于创建，花费小；

（3）从纸质模型中可以看出设计思想；

（4）不需要特殊知识，任何小组成员都能创建。

缺点：

（1）不是交互式的；

（2）不能计算响应时间；

（3）不能处理界面问题，如颜色和字体大小。

设计案例

案例来自 UxLab 2012 年商务随行移动客户端优化项目,项目组主要针对其"在线购物"和"订单管理"两大功能模块进行流程优化设计。该客户端主要用于营业员购买公司对外销售的商品,已有客户端的购买流程与网页版基本上保持一致,在移动设计和使用场景的角度上显得冗余,项目组对购买流程进行简化后,就着手绘画纸面原型,并经过多次迭代。

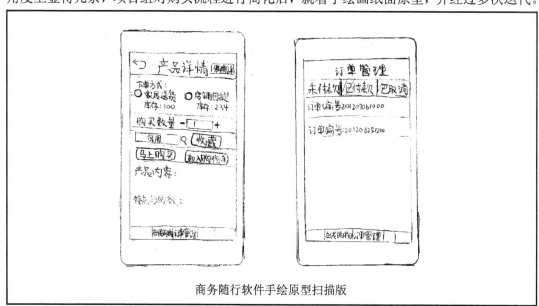

商务随行软件手绘原型扫描版

实物模型（Mock-Up Model）

实物模型是使用一些实物元素，表现出现状或者情境，并将它们组合，用以阐述想法或者服务理念。实物模型可以是比例模型或与实物一样大的模型，如果该模型已经实现某些功能，在创建服务模型时也能充当原型，用来表达想法，可以测试其设计。设计者可以使用实物模型来收集使用者的意见及回馈。

设计案例

案例来自 UxLab 2014 年智能情侣手环设计项目，旨在设计一款增进情侣间沟通及情感交流的智能性可穿戴设备。其功能模块主要包括手环的基本功能、健康监测、维护感情以及娱乐互动。借助于 3D 打印机制作的实物模型，项目组可以有针对性地进行模拟测试，检验功能的有效性及可行性。

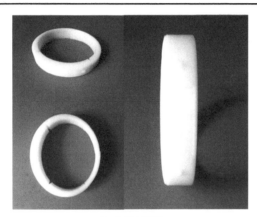

3D 打印草模

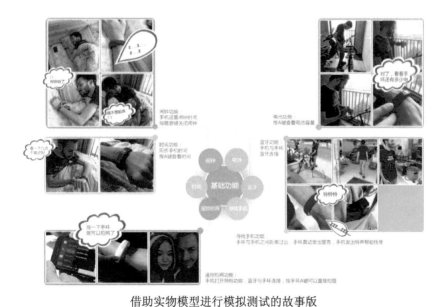

借助实物模型进行模拟测试的故事版

高保真原型（High-fidelity Prototyping）

"高保真"并非一个既定的目标，高保真、低保真原型都是一种沟通的媒介。高保真原型主要是从两个方面进行研讨：一是视觉效果；二是可用性，包括用户体验。因此，高保真原型应该是产品逻辑、交互逻辑、视觉效果等极度接近最终产品的形态，（至少）包括以下几项：原型的概念或想法说明；详细交互动作与流程；各类后台判定；界面排版；界面切换动态；异常流处理；要做到让 PM、RD、客户能够理解的程度。让产品原型尽可能地无限逼近于完整产品是每个人想要的，但高保真也意味着大量的资源投入。

设计步骤如下图所示。

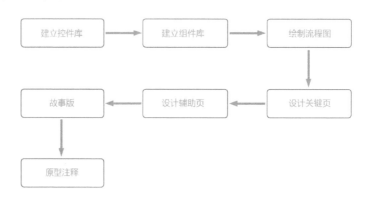

高保真原型设计步骤

注意事项如下。

（1）灰度线框图：颜色会干扰视觉设计，效果会影响大家对易用性的判断。

（2）清晰地展示流程：好的操作流程是易用性的最基本标准。

（3）关键功能要有故事版：更好、更快地理解产品。

（4）要有注释：图只能展示界面元素，图文并茂才能准确、全部地传达设计思想。

（5）有一致性：一致性会降低用户对界面的学习和识别成本。

（6）有规范性：好的软件或者网站绝对是规范的。

设计案例

来自 UxLab 2012 年车载社交项目，通过调查以广州地区为主的中国智能手机使用人群的使用习惯及偏好，探索智能手机应用程序在车载 GPS 终端平台上的可行性及优化设计。项目组根据该产品的社交定位、流程以及当时车载系统主流的设计风格设计了高保真原型。

车载社交系统高保真原型界面

隐喻设计（Metaphor Design）

修辞学中把两个事物因在特征上存在某种类似之处，用其中一个事物（喻体）来指代另一个事物（本体）的修辞方式叫做隐喻。隐喻也是人的一种基本的认知思维方式，它可以帮助人们以熟悉的事物了解新的事物，让人通过已有的认知去认识和理解新的、抽象的东西。使用隐喻设计界面时，用户能够比较直观地了解其内容和功能。

一个很常见的例子就是电脑"桌面"的隐喻，就像是日常生活中的桌面一样，电脑"桌面"上的东西可以自由摆放，也可以按照规则排列，每个图标都代表一个文件或程序，而文件夹图标则代表文件或者程序的集合。隐喻的优点在于界面元素是用户熟悉的事物（物体或者使用方式），用户的大脑能更轻易地进行推理，在界面元素与功能之间建立直觉联系，而不必了解产品真实的运行机制。但是现实世界的东西细节较多，用户对于功能的描述会非常具体。过多的装饰元素使得界面复杂，过多地抠细节使得图像复杂，装饰可能会变成噪音，影响用户对有价值内容的阅读和对功能的理解。例如苹果电脑的垃圾桶，按照用户一般的认知，该"垃圾桶"应该是用来存储暂时不用的文件，必要时可以彻底删除，但是苹果电脑对于退出可移动存储设备的功能设定是将其拖进垃圾桶即可退出，这样很容易让用户产生疑惑，担心会一并删除可移动存储设备中的文件。

案例

对于儿童、老人等特殊人群以及对信息产品不够熟悉的新手用户，隐喻设计能帮助用户以熟悉的东西了解新的东西。

儿童网站导航界面[①]

---

① http://pbskids.org/games/

界面风格指南（Web Style Guide）

风格指南是指一套相关预设计元素、图形和规范的集合，其用途是保证负责网站不同部分工作的设计师或开发人员之间保持协调一致，并最终打造出核心化的体验。风格指南能够保证不同的页面共同拥有一套核心的体验效果。另外，其还有助于保证未来的开发或第三方创作工作不偏离最初的品牌路线，能够与整体品牌保持一致。[①]

当多名设计师共同致力于同一大型网站或 Web 应用的工作时，务必要保证他们不会过多地根据个人的喜好对工作内容进行阐述或改变、调整风格样式。在开发阶段，预先设定好的网站元素可以让开发人员拿来直接并反复使用。另外，这样还可以减轻工作量，因为他们能事前看到需要编写代码的元素，心里对最终成果的样子有一定的预期。为了让开发人员的工作更轻松，设计师应该负责设计所有可能要用到的交互内容，例如鼠标悬浮、单击、访问及其他按钮、标题和链接等的状态。

设计案例

案例来自中山大学庞瑜的硕士生论文《休闲运动的移动社交行为研究与设计》，作者主要围绕休闲运动人群的社交行为进行研究，对现有社交媒体与运动进行了交叉分析，在此基础上，提取了对应的人物角色、场景剧本、需求框架等。最后根据调研结果，结合调研分析出的功能框架，拟定了"寻找用户伙伴"这一主题的应用设计实例，对设计实例进行了功能原型设计和视觉设计，并针对该软件设计界面做出一系列的风格指南。

- 设计风格

由于网站以运动为主题，作者在进行设计时，对整体风格定位为活泼、明亮。以高明亮度的蓝绿色为主色调，在用户焦点所在处，颜色变成高明亮度的补色红色。

| F04C7C | F59CB6 | 1CCCA9 | 3FE4C2 | FFFFFF |

页面取色分布

- 布局

布局尺寸设计如下：

---

① http://designmodo.com/style-guides/

（续表）

设计元素	示例			长×宽（像素）
状态栏	 ●●●○○ BELL 🔋	4:21 PM	✳ 100% ▮	40×640
导航栏	‹ 💬		⋮	88×640
标签栏	‹ › 🏠 ↻			98×640

- 控制元素

控制元素设计说明如下：

设计元素	示例	长×宽（像素）	应用位置
二级功能按钮		80×80	主要功能页面中的二级功能，比如发布动态、添加好友等
网页常规功能		58×58	用于微信内置网页通用功能，比如返回、主页、刷新等
小型功能或数据		50×50	用于小型的功能或者数据释义，比如评论、删除、人气等
辅助释义图标		35×30	用于释义的图标
大头像		147×147（包括外边框 6px）	用于主要的头像
小头像		90×90	用于列表的头像

布局设计（Layout Design）

布局设计通常离不开使用的设备，硬件屏幕尺寸的变化意味着相同的功能模块需要根据用户操作习惯的不同做出相应兼容适配性的改变。下文将以手机端布局为例介绍移动设计中的布局类型及特点。

类型	竖排列表	横排方块	九宫格	TAB	多面板
描述	竖排列表是最常用的布局之一。手机屏幕一般是列表竖屏显示的，文字是横屏显示的，因此竖排列表可以包含比较多的信息。列表长度可以没有限制，通过上下滑动可以查看更多内容。竖排列表在视觉上整齐美观，用户接受度很高，常用于并列元素的展示，包括目录、分类、内容等	横排方块是把并列元素横向显示的一种布局。我们常见的工具栏、TAB、Coverflow等都采用这种布局。受屏幕宽度限制，它可显示的数量较少，但可通过左右滑动屏幕或点击箭头查看更多内容，这些操作需要用户进行主动探索。它比较适合元素数量较少的情形，当需要展示更多的内容时，竖排列表则是更优的选择	九宫格是非常经典的设计，展示形式简单明了，用户接受度较高。当元素数量固定不变为8、9、12、16时，则适合采用九宫格。虽然它有时候给人以设计老套的感觉，不过它的一些变体目前比较流行，比如 METRO 风格，一行两格的设计等	采用 TAB 可以减少界面跳转的层级，可以将并列的信息通过横向或竖向 TAB 来表现。与传统的一级一级的架构方式相比，此种架构方式可以减少用户的点击次数，提高效率。当功能之间联系密切，用户需要在各功能之间进行频繁变换时，TAB 布局是首选	多面板的布局常见于 PAD 终端，手机上也会用到。多面板很像竖屏排列的 TAB，可以展示更多的信息量，操作效率较高，适合分类和内容都比较多的情形。它的不足是界面比较拥挤
布局样式					

此外，还有手风琴、弹出框、抽屉/侧边栏以及标签式的布局，由于篇幅所限，这里不再详述。

设计案例

案例来自 UxLab 2012 年云社区设计项目，项目的目标是建立基于遥控器设计数字电视界面用户行为规范，在交互设计阶段，项目组设计了包括交互电视端、Web 端以及手机端三种呈现形式。在界面设计之前，项目组对每个终端的布局版式设计都进行了详细的设定。

> **版式设计**
> 说明：
> （1）一级导航菜单区域；
> （2）广告位区域；

（续表）

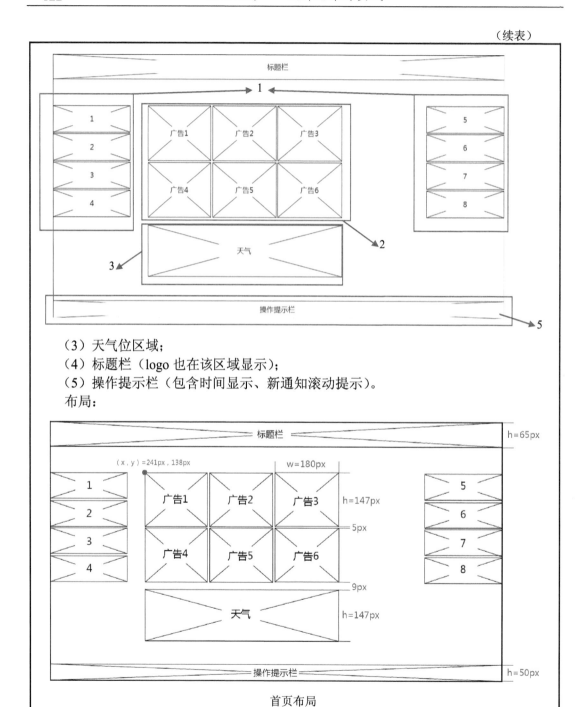

（3）天气位区域；

（4）标题栏（logo 也在该区域显示）；

（5）操作提示栏（包含时间显示、新通知滚动提示）。

布局：

首页布局

动态效果设计及音效设计（Dynamic Effect Design & Sound Design）

动态效果设计，有时也称为 Motion Graphic Design，即运动图形设计。严格意义上讲，运动图形设计是动态设计里一个细分的风格，但由于它极具代表性且作品数量众多，在一些专业人士的定义里两者逐渐趋同。它是遵循平面设计的原则和视听语言，用视频或动画技术创作出一种动态影像的设计形式。常见的应用是电影的片头片尾，在广告末尾的标志动画，以及电视包装当中常用的 Logo 演绎等。而随着行业的不断发展，动效设计涉及的领域也开始细分，越来越多的从业人员从电影、电视这些传统的领域向其他新媒体迁移，这其中就包括互联网行业。主要应用于产品展示、品牌建设、动态原型、趣味性应用等。

1. 在用户体验上为了达到某种目标的引导

早期互联网产品动画较少时，大部分动效都是为了解决某个具体的交互问题而存在的，有很强的目标性。比如 iOS 上 book 的翻页效果，因为用户对手势翻页没有很好的认知也就不会很快适应，所以需要模拟真实的翻书效果让用户适应。

2. 让界面更灵动活泼

因为现在越来越流行扁平化，所以设计师都开始采用更简单的元素尽量去突出内容。但是如果只是纯粹的扁平的话就未免有点太粗糙了，给人一种界面死板、没有设计的感觉。所以为了解决这个问题，动效可以让扁平的界面活泼起来。

在动效设计中，转场动效是为了使不同界面切换更加平滑顺畅，或暗示给用户一种新的可用手势操作方式。一般而言，转场在 APP 中给用户指引方向，防止用户"迷路"。

音效设计是一种和声音相关的研究和设计过程。在该过程中，声音被看作是传递信息、含义及交互内容的美学与情感品质的重要渠道之一。音效设计是交互设计和声音音乐处理的交叉学科。在语音交互设计中，声音既可以作为过程的展示，又可以作为输入的中介，达到调节交互的目的。

在封闭环境下的交互中，用户的听觉和行动间有紧密的连结关系，用户操控一个发出声音的界面，声音的反馈亦影响使用者的操控，在听者的直觉和行动间有紧密的连结关系。听声音不但可能激发听者产生一种心理符号，也可能会让听者为自己的反应做准备。声音的认知符号可能和行动计划模式相联系，声音也能为听者提供进一步反应的线索。音效交互同时具有影响用户情感的潜质，声音品质影响用户的交互是否愉快，操作的困难程度亦影响用户的操控感。

案例：基于触屏电视会议系统设计项目原型设计与界面设计

1. 项目前期阶段

项目背景

项目的客户方是一家做交互智能平板的公司，以可使用屏幕触摸操作的触控电视电脑一体机为实现载体，集成了高清显示、电子白板、电脑、电视、音响，通过搭配的交互软件与人性化的触控体验，可为会议提供优秀的交互智能平台。为了提升用户体验和完善系统功能，该公司委托项目组成员设计研发可搭配该会议系统的交互软件。

前期资料调研

在项目开展之初，项目组成员需要先对这个会议系统进行深入的了解，对会议系统的相关产品进行调研分析。根据调研结果，项目组成员完成了《相关产品设计调研分析报告》。报告主要分析了目前市场上产品的主要功能、优势产品的产品线分布、主要市场分布，以及各产品的主要业务。在报告的最后，结合会议系统自身的硬件特点，项目组将它定位于面对中小型企业的会议系统，是基于白板的、面向本地会议室会议和远程会议室会议的会议系统。除此以外，项目组成员还对会议系统相关的自身产品进行了使用体验，包括产品硬件及安装体验分析、会议系统软件功能的可用性测试。

功能定位与使用场景设计

通过调研，项目组成员对市面上视频会议系统包含的功能和场景进行了总结，并对其进行了归纳和分类，得出相关的归纳结果。

项目组成员结合会议系统的硬件特点，将它的使用场景范围缩小到了会议室会议。经过最终的市场定位细分，将会议系统最终确定为应用于中小型会议室中的本地会议系统和远程会议系统。

在功能定位以后，项目组成员进行了场景角色确定和功能框架确定。

2. 原型设计

原型流程设计

当整个系统的功能框架确定好后，项目组就开始着手原型设计。原型设计之初，项目组成员对会议的实施流程进行了梳理，并做出了会议流程泳道图。

由泳道图我们可以看出，会议的流程分为建立会议、会议准备、开始会议、会议进行中、会议结束 5 个阶段。在泳道图中，给出了每一个阶段用户可以使用的功能。我们可以由此明确整个产品功能的使用流程。

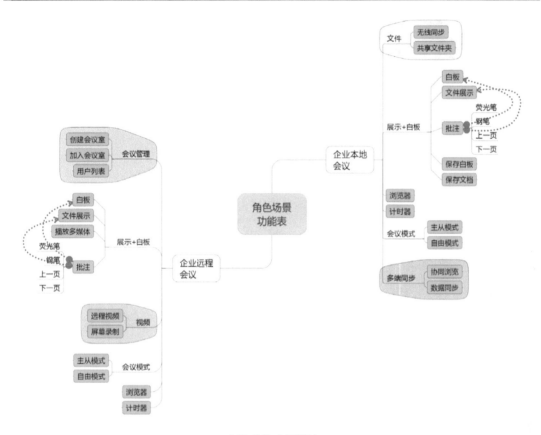

会议系统功能模块

原型界面设计流程

（1）原型界面设计。

此时相当于已经基本确定了产品的信息架构、功能、流程（不排除后面修改的可能性），项目组成员需要制作原型，在表现层将这一系列设计以统一有逻辑的整体形式展现出来。根据会议的流程和信息框架的修改，项目组进行了多次的会议系统的原型设计，并经过了多次迭代。

原型的迭代包括从低保真到高保真的迭代过程，低保真原型包括纸上原型、实物模型、线框原型等，高保真原型与低保真原型相比，在更大程度上接近产品的最终形态。在原型迭代的过程中，可用性测试贯穿其中，每一次可用性测试的重点和目的都会有所调整，包括功能模块设置的合理性、页面元素的布局等，每一次在可用性测试中发现的问题和得到的反馈都为接下来的原型修改和设计提供了具体的方向。

会议系统功能框架

	会议系统				
会议连接	会议			会议结束	设置　退出系统

	通用功能		视频	文档	白板	保存　邮件
本地会议　远程会议						

本地会议　远程会议
建立会议　建立会议
加入会议　加入会议

通用功能
会议文件　打开网盘文件
　　　　　打开本地文件
参会成员　名称
　　　　　权限状态
应用　浏览器　批注
　　　截屏
权限　权限设置
　　　申请权限
结束会议
离开会议

视频
分屏模式
音量调节
麦克风调节

文档
返回
上一页
下一页　文件
缩略图
清屏　画笔
拖动　橡皮
撤销　清屏
画笔　拖动
橡皮　撤销
镜像　选择
　　　放大
　　　缩小
　　　返回
　　　镜像

白板
新建
插入
保存
导出

会议结束
保存　邮件

会议系统功能框架

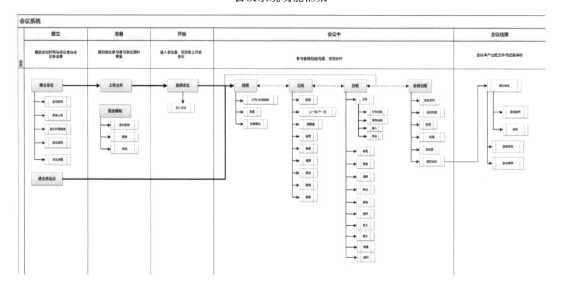

会议流程泳道图

（2）界面流程设计。

界面流程设计实际上是产品主要使用流程的一种展示，界面流程图又称 OP 图，由界面原型图和简单的文字线条组成。项目组成员在绘制界面流程图的时候可以梳理好用户操作和页面跳转之间的关系。当然，随着前期流程架构和原型界面的修改，界面流程也可能发生相应的变化。下图是项目组成员对会议系统总流程最终确定的版本。

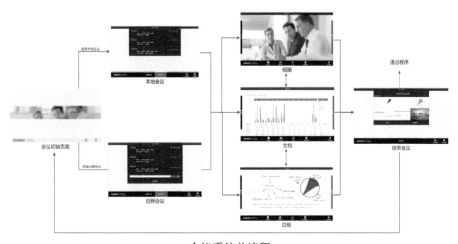

会议系统总流程

在高保真模型出来以后，项目组成员把该产品的整个界面使用流程梳理出来，形成一个完整的路径说明，这是对项目初期产出的会议系统总流程图的后期细化和深入。

会议路径说明（节选）如下。

本地会议流程

1.2 文档

3. 点击 会议文件 或 点击此处打开会议文库 查看会议文件。

4. 点击 展开、收回会议文件工具栏

5. 点击 打开文档

6. 点击屏幕内容区 隐藏一级导航调出文档工具栏。

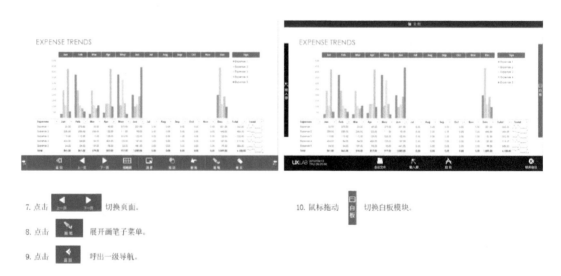

7. 点击 上一页 下一页 切换页面。

8. 点击 画笔 展开画笔子菜单。

9. 点击 返回 呼出一级导航。

10. 鼠标拖动 白板 切换白板模块。

本地会议流程（续）

（3）观察、可用性测试。

针对最后产出的原型，项目组还进行了一轮会议行为的观察验证及可用性测试，并对观察、测试中产生的问题进行了修正。

附录：观察、测试实验报告。

会议开始　问题类型	页面	人数	解决办法	
加入会议输入的是什么			用板的 ID 做会议号	3
加入会议的取消有无必要，下面已经有三个可以跳转的选项了				1
会议的 ID 与共享文件夹的名称的对应关系要明确	2		会议 ID 下的子文件夹	1
要不要有一个邮件功能通知会议			有一定难度，要加入信箱功能	1
会议名称输错了怎么办，是否加入提示	2		加入会议弹出提示	3
快速开始时，用户列表和视频权限都没有用处，应该去掉	2		无法使用的权限应当变灰	3
有没有会议密码的设定	2		在建立会议时设定会好一些，临时会议可以没有，加入会议后如果有密码，给出弹出框要输入密码	2
会议名称是否会有重合			平板的 ID 做会议名称，不会有重合	1
会议名称用平板 ID 不合适，可以改为会议的公司或地点			平板 ID 会与会议室名称有一定的对应关系	1
加入按钮放在会议列表里			都可以	1
显示多少个会议信息才合适			优先显示当前最近会议的详细信息	1
可以开放提前加入会议的时间			可以全部开放，时间段只作提示而不是强制作用	3

会议等待　问题类型	页面	人数	解决办法	
结束会议按钮出现在会议等待页面是否合理			每个角色的效果不同，参会者显示退出会议，而主控显示结束会议	3
为什么不一开始就设置好权限的人			默认发起会议者为主持人	3
中途有人加入会议怎么办		3	有一个用户列表附近的气泡，淡入淡出表示有人中途加入，需要一个提示	3
如果中途有人加入会议，等待界面还有没有意义		2	确认就位，等待开始，还是有意义的	2
下方栏该不该在等待开始界面就出现了			有必要	1

文档　问题类型	页面	人数	解决办法	
进入文档后，文档的位置不容易找到，能不能有更明显的找文档的方式，空白太多，不知道文件放在哪，应该直接把文件夹展示出来，减少点击的步骤	5		将文档平铺在上面，打开本地文件的按钮平铺在上面	3
画笔和画笔调整要不要合并	2		Sketchbook 的调整方式会好一些	3
有没有笔的选择（荧光笔、硬币、软笔）			可以有	2
修改完了文档之后如何保存			只保存批注的内容	3
已在文档面板却不知道，没有相关提示	2		上方已经有提示	2
白板和文档的视觉区别不大，容易混淆			视觉界面上做出区分	3
打开一个文档之后再打开另一个文档，之前的文档希望没有关掉，以便切换查看	2		可以进行切换而不是关闭	3
点击文件打不开，拖动有些隐蔽	2		最好点击也可以打开	2
播放文件时需不需要关闭文件的功能			可以有，或者在后台运行	2
不让别人批注的功能				2
一次打开多张图片可以进行浏览的功能	4		类似于图片浏览器的功能，可以直接翻页	3
上下的手势播放 PPT	2			2
希望批注的文件可以直接保存到共享文件夹中，而不是标记后就没有了				2
文档画笔颜色要依据 PPT 的背景			已经解决	3
PPT 原有自定义的缩略图，是否还需要有另外的缩略图			采用内嵌式的话要重新设计	3
文档的工具栏和 PPT 原有的工具栏是否会有冲突			内嵌式的没冲突	1
播放 PPT 时如何关掉 PPT			需要解决，如何关掉 PPT	3
选择和撤销的位置问题，撤销应该放在最边上，防止发生误点击情况				3

使用中的不便

1. 电脑会休眠。
2. 拔出 VGA 后白板直接黑屏显示无信息。
3. 使用笔记本连结白板进行讨论时，不能切换操作人。
4. 放大和缩小不能方便地到达合适的大小。
5. 不能让大家看到会议记录的内容。
6. 座位设置不是正对平板，侧身观看屏幕较为不便。
7. 平板摄像头悬挂位置较高，需要仰头才能看清楚。
8. 主持人担心对方听不清楚声音，下意识地下倾身对音频设备讲话，导致讲话的同时无法观察屏幕。
9. 音频设备稀疏，导致接线悬空，可能会阻碍人员走动。
10. 缩小屏幕，使用两根手指缩小，出错（留下画笔痕迹）不能及时找到缩小选项。
11. 保存白板路径不明确。
12. 保存白板为图片，只能保存当前页面。
13. 白板圈选没有反馈。
14. 右侧 USB 接口难找。
15. 书写字迹不工整，不利于记录。
16. 架子碰到腿。
17. 在打开数量较多的文件间进行切换时，底栏文件查找略有困难。
18. 有一个人操作电脑，很多人口述去操作很麻烦。
19. 通知开会使用的是电话。

可改进的地方

1. 将连接 VGA 嵌入会议系统中。
2. 会议中的文档修改。
3. 会议记录功能。
4. 放大缩小设定几个常用的放大数值，并且能够与会议室的空间联系起来。
5. 插拔 VGA 是更好的过渡方式。
6. 加入时间显示。
7. 白板、会议纪要的快捷保存。

交互方式

1. 在使用 easimeeting 的会议中，使用最多的功能是画笔、橡皮擦、漫游。
2. 在使用橡皮擦时，常用的手势是"圈除"，即将要删除的内容用笔圈选。
3. 在使用交互白板的会议中，主讲人多站在交互白板两侧，写字时站在交互白板正前方，而在空闲时会坐回自己的座位参与讨论。
4. 在使用交互白板的会议中，多使用笔来与屏幕交互，极少直接使用手指。
5. 较多地出现使用漫游功能拖动白板的动作，按住屏幕进行拖动，通过这个功能来浏览之前记下的内容。
6. 在出错的时候，大部分人寻求撤销的功能。
7. 当要大幅度缩小/放大时，用笔高频率点击缩小/放大按钮。

（4）原型确定。

经过多次修改和细节完善，项目组成员最终结合界面元素设计出了会议系统高保真原型。

首页

会议初始页面中央设置了本地会议和远程会议两个选项。选择本地会议，可以进行本地白板的文档、白板会议，而不使用视频功能。选择远程会议，可以进行多个白板之间的互动会议，能够使用视频、白板、文档三个功能模块。

界面的下方放置了UXLAB产品标识、时间、系统设置和退出程序按钮。

远程会议选择页面

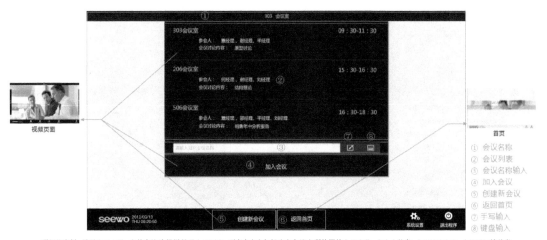

顶部状态栏，显示会议名称。主体会议选择栏显示会议列表，列表中内容包括建立会议人所使用的会议名称、参会人信息、会议讨论内容、会议时间等信息。

会议列表下方，会议名称输入栏，用于填写会议列表中没有显示出的临时会议白板名称，用户得到会议名称后，可以通过输入会议名称，设置了手写和键盘输入选择框点击加入会议进入会议。

下方栏中间设置了创建新会议按键，点击创建一个新的远程会议，返回首页回到会议初始页面。

注：以上功能是在考虑了有外接会议管理系统情况进行的设计，如果没有会议管理系统，② 会议列表将不存在，只保留会议名称输入框和加入会议按钮。

会议系统的高保真原型

权限与身份说明

建立会议人
使用建立会议的平板进行操作
具有全部操作权限

权限人
使用加入会议的平板进行操作,普通参会成员申请权限
后成为权限人,具有建立会议人赋予的操作权限

普通参会成员
使用加入会议的平板进行操作
只具有基本的会议系统操作

权限
由建立会议人设置的其他参会人员对会议系统的
控制范围。权限人的权限可被建立会议人收回。

参会人
独立于会议系统的身份。在会议系统中没有功能作用
当存在会议管理系统时,可以作为会议列表的提供信息

会议系统中设置了三种控制身份:建立会议人、权限人、普通参会成员。
会议权限是由建立会议人设置的其他参会人员对会议系统的控制范围,普通参会成员可以向建立会议人申请获得权限或由建立会议人直接发放成为权限人。权限
人的权限也可被建立会议人收回。

白板页面

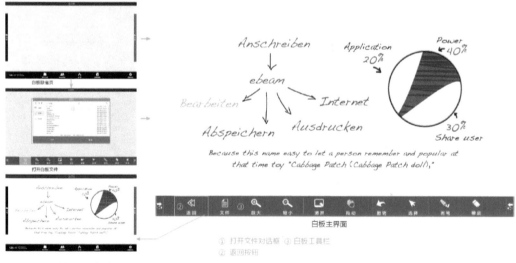

白板主界面

① 打开文件对话框　② 白板工具栏
② 返回按钮

白板缺省页隐藏菜单栏后可进入白板主界面。
白板主界面下方设置了白板工具栏,包含了文件、放大、缩小、清屏、拖动(漫游)、撤销、选择、画笔、橡皮、返回、镜像功能。
文件:用于打开和保存 WB 文件、插入、导出图片。　　选择:选择图片、笔迹等。

会议系统的高保真原型(续)

交互原型

在原型设计中，除了需要确定好界面的视觉元素，还要对动态效果、音效设计等有所思考，定义好产品和用户的交互动作，力求提高产品的用户体验。

例：基于会议系统交互平板的手势特点和 Windows8 的手势，项目组定义了会议系统的手势。

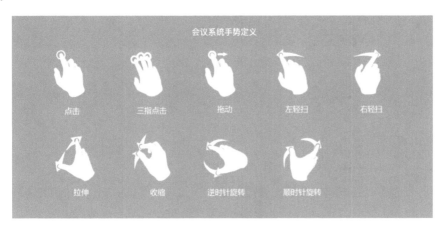

手势

会议系统操作手势设计

手势

  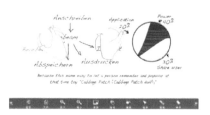

会议系统操作手势设计（续）

HTML 原型

在原型制作的最后一个阶段，项目组成员根据最后定型的原型框架制作出了可交互的HTML 原型，并再次进行用户测试，检验整个产品的使用流程以及存在的问题。

根据原型框架制作出了可交互的 HTML 原型。

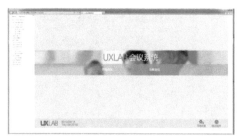 

 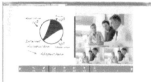 

HTML 原型

3. 界面设计

界面风格定位

在界面风格设定之前，项目组成员先对同类产品进行参考分析，归纳出同类优秀产品的界面风格特征趋同点。这时候，与客户的沟通交流也显得尤为重要，客户的需求很大程度上是针对目标用户而提出的。

项目组根据对交互平板市场的调研分析以及会议系统的功能定位，甄选出了以下几种风格设计关键词。

会议系统界面风格定位

会议系统界面风格定位（续）

版式布局

在进行界面版式布局之前，项目组成员先查询了产品配套的硬件屏幕尺寸，这是对版式布局很重要的影响因素。在进行版式布局时，项目组成员先从众多版式布局类型中（如九宫格、TAB、多面板、弹出框等）选出一种或多种合适的布局类型，再在此基础上对功能模块进行位置安排，记录各区域、按钮形状的尺寸。版面布局应该是与用户的高效操作有所联系的。

首页

主页面

工具栏

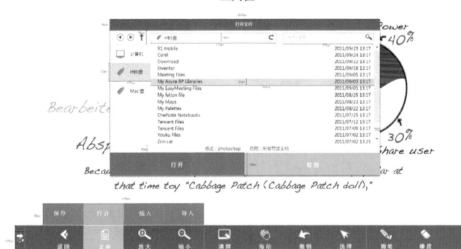

界面元素

界面元素包括字体、配色、按钮形状等一系列视觉元素，设计师应该先对这些元素进行规范说明，最好形成一个说明文档，使整个产品界面风格的最终效果始终保持和谐、统一，负责不同部分视觉的设计师不会因自己的喜好而令界面风格变得"五花八门"。在本项目中，每一个设计界面都附上详细的设计规范，包括字体类型、字体大小、字体颜色、图标颜色、背景色等。

主页面

	字体	字大小（点）	字体颜色	图标颜色	背景色	背景色（选中）
顶部状态栏	微软雅黑	22 浑厚	4acbeo	4acbeo	000000（85%）	
左右拖动控件	微软雅黑	22 浑厚	ffffff			D61f47
底部应用栏	微软雅黑	22 浑厚	ffffff	ffffff	000000	D61f47
时间日期	Helvetica Neve	20	ffffff			
子菜单	微软雅黑	22 平滑	ffffff	图片	000000（70%）	4acbeo（80%）

工具栏

	字体	字大小（点）	字体颜色	图标颜色	背景色	背景色（选中）
工具栏子菜单	微软雅黑	22 平滑	000000		000000（55%）	4acbeo（60%）
对话框一级选项	微软雅黑	18 点平滑	000000	000000	fofofo	4acbeo
对话框二级选项	微软雅黑	18 点平滑	000000	747472	ffffff	c7c6c6
对话框三级选项	微软雅黑	18 点平滑	000000		flefef, ffffff	4acbeo（70%）
对话框按键	微软雅黑	22 点浑厚	ffffff		5f5f5f	4acbeo（70%）

列表框

	字体	字大小（点）	字体颜色	图标颜色	背景色	背景色（选中）	字体颜色（选中）
主要信息	微软雅黑	27 浑厚	4acbeo		000000(85%)	4acbeo(70%)	ffffff
次要信息	微软雅黑	22 点平滑	000000		000000(85%)		ffffff
按键	微软雅黑	27 浑厚	000000		000000(85%)	4acbeo(60%)	ffffff

权限设置

	字体	字大小（点）	字体颜色	图标颜色	背景色	背景色（选中）
标题	微软雅黑	27 平滑	4acbeo		000000(70%)	4acbeo
子选项	微软雅黑	22 平滑	ffffff		000000(70%)	4acbeo

图标

共享文档夹	上一页	计算机	系统设置	清屏
设置权限	下一页	Mac:盘	退出程序	拖动
应用	缩略图	键盘	结束会议	选择
参会成员	放大	手写键盘	退出会议	撤销
白板	缩小	麦克风音量	浏览器	返回
文档	橡皮	喇叭音量	退出浏览器	文件
视频	画笔	平铺	截屏	会议记录
弹出框icon	调转			

第7章　设计评估与用户测试
（Evaluation of Design & User Testing）

在交互设计中，虽然一切可视化设计都是建立在前期调研所得的用户需求上，但难免掺杂着设计人员的主观因素，为了使最终的设计更适合市场趋势与用户期望，我们需要对设计的原型进行测试、评估。借助一系列评估指标体系，我们可以对可用性测试结果进行度量，包括定量的指标和定性的指标，不同的指标衡量产品或服务的不同方面，例如易用性、可用性、愉悦感等。我们还可以邀请用户来进行测试，帮助我们一起评估设计原型。这一阶段包括设计评估和可用性测试两大部分。

7.1　商业

当产品或系统设计初具雏形之后，为了使设计符合在项目前期确定的市场策略，需要借助一些方法，邀请一些专家对设计进行评估和检视，这一过程可以在原型设计阶段就展开，方便迅速迭代。

启发式评估（Heuristic Evaluation）

可用性专家使用预定的一系列标准来衡量一个设计的可用性。启发式评估是一个可以用来解决可用性问题的非常迅速并且低成本的方法。

启发式评估有十条可用性原则，这十条原则又称尼尔森（Nielsen）的启发式方法，主要包括系统：状态的可见性；系统与真实世界相对应；用户可自由控制；连续性和标准化；预防错误；可识别性；灵活性与有效性；美学与最少化设计；协助用户；帮助文档。

但是在运用启发式评估方法时需要注意以下方面。

有试验表明，每个评审人员平均可以发现35％的可用性问题，而5个评审人员可以发现大约75％的可用性问题。

具有可用性知识又具有和被测产品相关专业知识的"双重专家"是最有效的，可以比只有可用性知识的专家多发现大约 20％的可用性问题。

评估人员不能简单地说他们不喜欢什么，必须依据可用性原则解释为什么不喜欢。

每人的评估都结束之后，评估人员才可以交流并将独立的报告综合得出最后的报告。

在报告中应该包括可用性问题的描述、问题的严重度、改进的建议。

启发式评估是个主观的评估过程，带有太多的个人因素，因此，无论如何都应试图从用户的角度出发，以同理心扮演用户。

分类 Sorting	基本指标 Basic indicators	描述 Description	Nielsen原则 The Principle of Nielsen
流程性/ 页面性 指标 Process/ Page Index	可识别性	用户可以看见和发现相关信息，并将该信息和其他信息区分开来	7.依赖识别而非记忆
	可理解性	用户理解该信息的内容，用户理解的信息和真实世界信息、逻辑保持一致，容易学习	2.与真实世界相符
	可操作性	用户可以进行正确操作	6.预防错误发生 5.帮助用户识别、诊断和修复错误
	灵活/容错性	用户可以自由选择合适的操作方式，允许用户出错，可以撤销返回	3.用户的控制权与自主权 8.使用的灵活性和有效性
	反馈	用户知道自己完成了相关操作	1.系统状态可视性
	视觉与体验	评估产品的外观、色彩、风格、质感等方面的视觉体验	用户体验目标
	帮助信息	有帮助信息，利于检索、可以理解的帮助信息	10.帮助及文档
整体性 指标 Integrity Index	操作一致性	相似的操作方式	4.一致性与标准化
	视觉一致性	相似的外观、色彩、风格、质感等	4.一致性与标准化
	文案一致性	相似意义	4.一致性与标准化
	继承性	和过去的版本具有共同一致特征	4.一致性与标准化
	习惯	用户可以根据现有的习惯或标准化模式进行操作	2.与真实世界相符

启发式评估参照体系

设计案例

案例来自 UxLab 2008 年对某一款竞速类悠闲网络游戏进行的可用性测试，在线竞速游戏指的是《跑跑卡丁车》、《QQ 飞车》一类在国内流行的网络游戏。这一类型的游戏以轻度玩家为主，往往是在闲暇的时候获得轻松的游戏乐趣。《菲迪彼德斯传奇》是广州某软件有限公司 2008 年开发的一款竞速类悠闲网络游戏，现已停运。该游戏以马拉松为题材，提供多人在线竞技的平台。该游戏提供了多人在线游戏、交友聊天、虚拟形象打扮等功能。项目组优先考虑能提高游戏乐趣的因素来对游戏进行测试和评估。我们依次进行了用户测试和启发式评估，并对两种测试的结果进行了比较分析。在启发式评估的过程中一共发现了 72 个问题。按照下表的格式，记录下问题的详细描述、问题的严重程度和改进建议。以下节选一个问题的分析方案进行说明。

问题 2	拿到 M 币时的提示信息文字太小，难以看清，而且不能给人兴奋的感觉
问题详细描述	如有图中的"获得 1M 币"的字体，玩家反映字太小，很难看清，而且这么简单的效果，捡到了也没有兴奋感
严重程度	2 个评估人员选择了等级 4； 5 个评估人员选择了等级 3； 3 个评估人员选择了等级 2
建议	1. 修改获得 M 币的提示字体、颜色和大小； 2. 可以用弹出的效果来显示字体； 3. 可以结合道具提示，在头顶弹出金币，金币中间标识 M 币数目

启发式评估问题记录格式

7.2　信息

在这一阶段，设计团队需要与用户一起评估设计的好坏，除了口头询问用户的意见及建议之外，我们可以借助一些设备或工具来采集用户在测试中的信息，包括用户使用产品的行为、用户细微的表情变化、生理数据的变化等，以便更为客观地衡量测试的结果。

眼动仪测试（Eye Tracking Testing）

眼动包括注视与眼跳两种基本运动，在眼动结果图中会通过圆圈与线段来表示，从而得到眼动轨迹图。

当前的眼动仪多是运用红外线捕捉角膜和视网膜的反射原理，来记录用户的眼动轨迹、注视次数、注视时间等数据，以确认参与者在测试过程中注意力的变化路径及注意力的焦点。

眼动仪可以通过图像传感器采集的角膜反射模式和其它信息计算出眼球的位置和注视的方向。结合精密、复杂的图像处理技术和算法，可以构建出一个注视点的参考平面图。

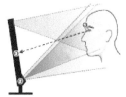

眼动测试原理

眼动具有一定的规律性，可以揭示人们认知和加工外界信息的心理机制。因此，研究人的眼动具有重大的意义。目前，眼动研究出来的成果已经在心理研究、可用性测试、医疗器械设计和广告效果测试等众多领域发挥着重要作用。在软件和页面可用性研究中，我们可以研究用户在执行任务操作时的视线是否流畅，是否会被某些界面信息干扰等。

使用眼动仪的作用为：

- 获悉用户浏览的行为和习惯；
- 帮助研究人员分析与澄清问题；
- 眼动图是优质的研究结果展示工具，起到良好的信息传达作用；
- 有利于创建高效的页面布局。

眼动测量指标如下。

注视热点图：用不同颜色来表示被试者对界面各处的不同关注度，从而可以直观地看到被试者最关注的区域和忽略的区域等。

注视轨迹：记录被试者在整个体验过程中的注视轨迹，从而可知被试者首先注视的区域、注视的先后顺序、注视停留时间的长短以及视觉是否流畅等。

兴趣区分析：考察被试者在每个兴趣区里的平均注视时间和注视点的个数，以及在各兴趣区之间的注视顺序。

设计案例

案例来自 UxLab 2010 年某宽带卫士的眼动仪测试项目，旨在评估"宽带卫士"系统的可用性及需求的达到程度，眼动仪客观的测试结果能揭示用户在理解和使用产品时所遇到的困难所在，以及那些用户较容易成功完成任务的方面。

"启动项管理"功能男性被试热点图

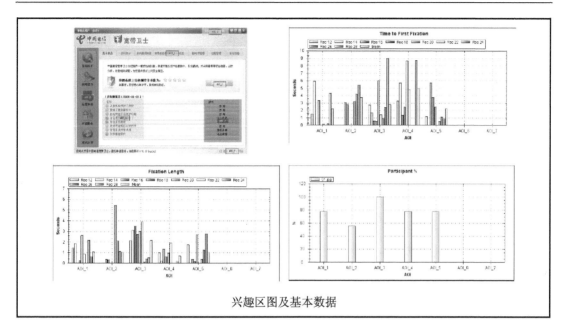

兴趣区图及基本数据

心理生理测试（Physical Testing）

　　心理生理测量是一种通过研究身体提供的信号并借此深入了解心理生理过程的方法，近年来越来越受到游戏研究领域的重视。例如来自 Hazlett 等人的研究，尽管研究当中的样本量不大，但是都支持心理生理测量在电子游戏研究领域中应用的可行性。[1]Nacke 和其他的研究者们也在游戏设计方法方面做出了努力，他们的研究主要涉及脑电描记、皮肤电反应、心率和面部肌电描记技术，最后给出了在电子游戏背景下运用这些方法的建议。

　　生理测量在游戏用户体验评价中拥有客观性、连续不断地记录数据、及时性、非侵入性、精密度高等特点，但它同时也存在许多局限性，例如解释生理指标的数据困难，因为大部分心理状态和生理反应之间存在多对一或者一对多的关系；测量生理指标的设备价格昂贵，对设备保修和使用人员的培训投入高；在实验设备和实验阶段需要花费较大的时间和精力等。

　　当前的生理心理测量技术以关注情感体验的生理唤醒为重心，生理唤醒几乎不受机体主观意志的控制，就更能客观地反映用户的体验情绪。UX 目前采用的生理指标包括皮质醇水平、心率（HR）、血压（BVP）、呼吸、皮肤电活动（EDA）、瞳孔直径、EEG、EMG 和 ERP 等。常用的有 EEG、fMRI、EMG 等神经系统指标。

---

[1]周用雷，李宏汀，王笃明. 电子游戏用户体验评价方法综述[J]. 人类工效学, 2014, 20(2):82-85.

7.3 设计

测试与评估的目的在于发现设计的问题，以便更好地进行下一步迭代工作，如果让专业人士或用户凭空提出一些建议，他们可能无从入手，也无法挖掘深入的问题。通过设计一些使用的场景或环境，让他们带着任务去发现问题，可以提高测试的效率和有用性。

认知走查（Cognitive Walkthrough）

在认知走查中，评估者使用流程图或低保真原型评估各种情景运行出错的设计问题。该方法首先要定义目标用户、代表性的测试任务、每个任务正确的行动顺序和用户界面，然后走查用户在完成任务的过程中在什么方面出现问题并提供解释。

认知走查提出的一系列问题有：

- 用户能否建立达到任务的目的？
- 用户能否获得有效的行动计划？
- 用户能否采用适当的操作步骤？
- 用户能否根据系统的反馈信息完成任务？
- 系统能否从偏差和用户错误中恢复？

认知走查方法的优点主要是能够使用任何低保真原型，包括纸原型。但是它的缺点是评价人不是真实的用户，不能很好地代表用户。

操作步骤如下。

准备：

（1）定义用户群；

（2）选择样本任务；

（3）确定任务操作的正确序列；

（4）确定每个操作前后的界面状态。

分析：

（1）为每个操作构建"成功的故事"或"失败的故事"，并解释原因；

（2）记录问题、原因和假设。

后续：

消除问题，修改界面设计。

设计案例

案例来自 UxLab 2012 年商务随行软件优化项目，主要针对其"在线购物"和"订单管理"两大功能模块进行流程优化设计。该客户端主要用于营业员购买公司对外销售的商品，已有客户端的购买流程与网页版基本上保持一致，从移动设计和使用场景的角度来看显得冗余，项目组对购买流程进行简化并设计出原型后，利用纸质原型进行专业人员的认知走查，逐步检查改进后的流程是否符合用户认知。

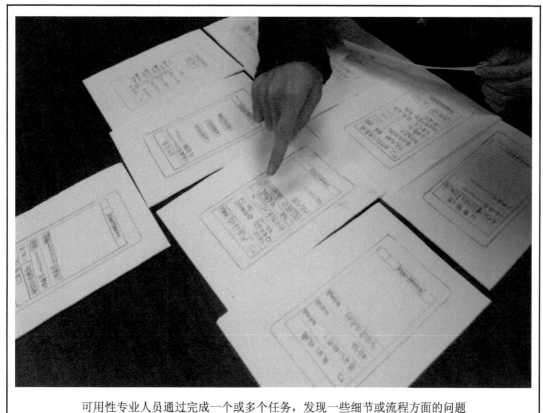

可用性专业人员通过完成一个或多个任务，发现一些细节或流程方面的问题

绿野仙踪（角色扮演）[the wizard of OZ (Role Playing)]

绿野仙踪是从同名童话中得到启发而总结出的方法。包括两部分：一是制造出一个有效系统；二是由研究人员充当系统帮助用户完成任务。目标不是制作出真正的系统，而是模拟能让使用者真实体验的东西，从而尽早体验并考察制作过程中的设计理念。这一系统应该是经济的、可快速实现并可被任意处理的，它虽然不是真实存在的，但仿真度极高，可以用来达到我们的目标。

在这一过程中，要牢记并贯彻以下三点：

- 从创意和初期设计的角度来看，重要的是体验过程的真实，而不是原型、草图或技术的真实性；
- 我们可以利用一切来虚构体验；
- 一般而言，越早进行虚构便越有价值。

要找到一个真正的魔法师很困难，但找一个瘦小的老头、一个麦克风和一些扬声器就很简单、经济和迅速。这对大多数系统都适用，即先模拟，再制作。①

案例

检验听译器原型最简便的方法就是让项目组成员扮演系统的翻译功能，隐藏在屏幕的后面，将耳机采集到的用户的声音信息翻译成文字并呈现在用户的屏幕上。通过这种方法，可以在产品的动态演示原型尚未成型之前就对用户进行测试，以便更快地发现问题，进行原型的迭代。

听译器的角色扮演②

协同交互[Collaborative Walkthroughs (Interaction)]

协同交互是基于对用户体验一项服务过程的观察方法。用户被要求大声思考，同时执行一个给定的任务，使评估人员能倾听并记录他的想法。如果这种评估需要，两个用户与系统交互的同时，评估人员可以通过更自然的方式取得有效的放声思考结果。

协同交互的优点有以下三点：

测试形式比用单一用户进行的标准边说边做测试会更自然，因为人们习惯于在共同解决问题时把自己的想法讲出来。

减少参与者对周围设备如录音机等的意识，创造更加非正式的自然氛围。

---

① Buxton B. Sketching User Experiences: Getting the Design Right and the Right Design[M]. Elsevier/Morgan Kaufmann, 2010.
② 图片来源：Buxton B. Sketching User Experiences: Getting the Design Right and the Right Design[M]. Elsevier/Morgan Kaufmann, 2010.

更高效。执行任务相同的情况下，协同交互法比边说边做法在更短的时间内获得更多的优质回馈。

设计案例

案例来自 UxLab 2008 年对某一款竞速类悠闲网络游戏进行的可用性测试，在线竞速游戏指的是《跑跑卡丁车》、《QQ 飞车》一类在国内流行的网络游戏。这一类型的游戏以轻度玩家为主，往往是在闲暇的时候获得轻松的游戏乐趣。《菲迪彼德斯传奇》是广州某软件有限公司 2008 年开发的一款竞速类悠闲网络游戏，现已停运。该游戏以马拉松为题材，提供多人在线竞技的平台。该游戏提供了多人在线游戏、交友聊天、虚拟形象打扮等功能。由于是多人协同类型的游戏，在用户测试中，项目组安排了协同交互的测试内容，两位玩家需要一起合作完成设置的游戏任务，并在过程中表达自己的想法。

两个用户同时玩游戏，并把自己的想法大声说出来

贴纸投票（Sticker Vote）

贴纸投票法是指把不同的想法和概念做成卡片贴在墙上，讨论组成员每人手中有三到五个贴纸投给他们支持的想法，最后拥有最多贴纸的卡片就被推选为最好的。为确保每个人不受其他人的影响，投票前要求他们仔细阅读卡片上的内容，然后大家同时一起贴纸。

贴纸投票方法的作用主要有四点：

（1）使不习惯于集体参与的成员以静思的方式发表意见；

（2）避免争执和纠纷；

（3）使每个组员给各种问题投票时不受他人的影响；

（4）因为公平地考虑到每个人的意见，所以较容易取得一致意见。

设计案例

案例来自 UxLab 2015 年商场大数据服务平台设计项目，目标为设计一个基于运营商和商场的大数据，为商场经营管理者提供广告、营销决策方案的大屏幕平台。在收集了已有的数据类型和大数据可视化方案后，由项目组的成员对数据呈现方式进行贴纸投票，由此决定哪种方式适合在大屏幕上向用户展现可视化的数据。

数据呈现方式的贴纸投票结果

可用性测试（Usability Testing）

可用性测试是基于一定的可用性准则，评估产品的一种技术，用于探讨一个客观参与者与一个设计在交互测试过程中的相互影响。通常是由邀请到的用户在原型或者已有成品上执行若干已设定的任务，研究人员根据用户任务的完成情况对原型或产品进行评估。

可用性测试三个主要组成部分：

- 代表性用户；
- 代表性任务；
- 观察者（观察用户做什么，他们在哪些地方成功，哪些地方会遇到困难，这些都让用户发言）。

通过招募有代表性的用户来完成产品的典型任务，然后观察并记录下各种信息，界定出可用性问题，最后提出使产品更易用的解决方案。

可用性测试的作用有以下三个方面。

（1）获取反馈意见以改进设计方案。

（2）评估产品是否实现了用户和客户机构的需求目标。

（3）为提高产品的质量提供数据来源。产品面向市场后，为了适应变化的用户需求，必须对产品进行不断的调整，而可用性测试则能够通过收集各种数据以获得反馈，为提升产品质量提供数据来源。

可用性测试流程图
User Interview Progress

1 测试准备 Preparation	2 设计测试 Design the test	3 预测试	4 招募用户 Recruit Users	5 测试 Test	6 用户总结性 描述 Summary Description of Users	7 测试后 After the test
确定测试实施人员 Decide staff 确定测试观察人员 Decide observers 确定测试用户类型 Decide user type 制订测试计划 Make a test plan	创建情景与任务 Create scenarios and tasks 准备记录表格 Prepare record forms		发送邀请 Send invitations 确认已邀请用户 Confirm users invited	介绍 Introduction 执行测试 Perform the test		数据整理分析 Data collection and analysis 撰写报告 Report

可用性测试流程图

设计案例

案例来自 **UxLab** 2012 年某网站可用性测试项目，该网站在信息架构、布局等方面做了较大幅度的改版，为了了解用户对新版本的接受程度以及设计本身的可用性，招募了用户进行测试。距离用户比较近的观察员负责照看用户；比较远的观察员则观察记录测试中发生的事情。两人从不同的角度去看待这一过程。

可用性测试进行中

案例：汽车安全驾驶研究项目测试

1. 项目背景

汽车安全驾驶是驾驶员比较关注的，影响驾驶员驾驶安全的因素有很多，主要包括车外环境和车内环境，车外环境主要有天气、路况、其他车辆、行人等，车内环境包括乘客、手机等，这些因素影响驾驶员的安全驾驶。设计出集复杂导航、娱乐（远程信息处理）功能为一体，并不影响驾驶员驾驶，确保安全的汽车界面。这对设计师来说是一种特殊的挑战，因为复杂或者是令人费解的交互需要过多的注意力，可能会让路上行驶中的驾驶员处于危险的境地。这些系统的成功开发需要大量的设计工作以及可用性验证，才能避免这些问题。

为了对目前汽车安全产品市场和未来汽车设计发展趋势进行分析研究，以切合未来汽车产品设计的市场需求，我们先是制作了一系列的概念设计，然后通过访谈问卷等进行方案论证，并对概念设计进行汽车驾驶的安全性测试，最后根据测试结果分析对倒车场景概念设计进行细化。

2. 测试准备

在项目组进行汽车安全驾驶设计测试之前，研究人员对测试目的、测试流程、设计测试方法等主要相关要素进行准备，以确保项目测试顺利完成。

首先确定项目测试目的。汽车安全驾驶研究项目测试的目的了解用户在系统体验过程中的感受，进而提出优化的系统原型。

确定项目测试对象：根据项目研究的宗旨和项目背景调查与访问了确定测试对象为1～3年的新手驾驶员，并且主要集中在女性驾驶员。

在汽车驾驶的安全性测试设计过程中，研究团队运用典型的测试方法，主要有 KA 卡片、焦点小组以及思维导图等方法完成项目测试的任务。具体的方法有以下几种。

● KA 卡片。

KA 卡片：基于定性信息和文本表达，试图产生新产品和行销策略的想法，与 Kurosu (2004)的"微场景法"相似。

卡片

在项目前期的安全驾驶研究中，项目组已总结出与安全驾驶相关的各类场景并做好分类，使用 KA 卡片能够描述汽车安全驾驶中发生事故的场景、原因及可能的解决方案，有助于概念原型的生成，促进概念设计点及创新点的产出。

● 焦点小组

焦点小组由一个有经验的主持人召集若干用户、领域专家、业余爱好者等一些能够从不同角度探究产品的人，就某些问题进行讨论。焦点小组不能为一个议题提供量的支持，但是它提供了很多定性的证据，而且能够帮助设计人员对后面的调查提出问题。参加焦点小组的人数最好在 6 到 10 个之间，持续时长最好在 60 到 90 分钟之间。它依赖一个有经验的主持人，需要提前写好主持人指南。主持人要组织和引导整个流程并保证讨论到所有重要问题，避免离题。会议以视频或音频的方式记录下来。通过讨论研究人员可以获知用户的看法与评价，为以后的设计提供启发。

　　事前准备如下。

　　部分 KA 卡片（根据问卷访谈、测试和思维导图）、笔、便利贴、空白 KA 卡片、多颜色的记号笔。

　　过程如下。

序号	任务	时间	方法	产出
1	每个人根据自己的经历或见闻，补充已有的 KA 卡片	约 10～20 分钟	KA 卡片法	KA 卡片
2	打乱所有 KA 卡片，根据卡片中的关键点，对卡片进行分类，对关系进行梳理	约 30 分钟	卡片分类	亲和图
3	分析问题发生和场景产生的原因	约 30～60 分钟	5 个为什么	
4	每个成员根据前面整理的问题和分析的原因提出想法，可以只针对一个问题，每人至少 3 个，配上简单的原型	约 10 分钟		十几个小点子
5	把所有想法贴在黑板上，所有成员对点子提出意见，尝试对所有点子合并	约 30～60 分钟		几个较完整、有意义的点子

焦点小组讨论

　　通过焦点小组的方法确定驾驶员在几种场景中出现的问题，针对问题提出解决的方法并进行讨论，得出完成度较高的思路。

- 思维导图

思维导图定义如下图所示。

新手驾驶员安全驾驶思维导图

运用思维导图方法，研究小组确定了下表所列的问题。

	Before	Being		After
1 级问题	—	盲区	泊车泊不好，特别是需要停在两车之间的时候，最终导致车辆刮花、磕碰	—
			车距不好把握，主要是左右车距，一般行车时会保持一定前后车距	
		油门刹车分不清	由于频繁换脚而忘记	
			车速缓慢时疏忽大意	
		手动换挡	由于油门和离合器控制不好导致车辆熄火	
			拐弯的时候刹车、离合器、油门之间的控制不当，最终导致与行人的碰撞	
		当汽车在水里熄火的时候，再启动时车会报废		
2 级问题	—	有的驾驶员会尝试在不同路况上开车锻炼		忘记挂挡，忘记手刹
		会遇到不同的天气情况（下雨、雾霾等）		
		忘记开 / 关车转向灯（幅度不明显时，转向灯不会自动关闭）		
		半坡下滑	手动：不可避免的遛坡	
			自动：没控制好刹车	
		开车胎压会因为某些原因突然变小，虽然可以开一段时间，但时间长了会磨损轮胎的内圈		
		新手比较依赖导航		
		有时需要汽车的辅助系统	酒驾	忘记关车窗
			疲劳	
		开车途中会听歌		
		开车途中会接电话，以前会使用手机接，现在因为有摄像不允许，会使用车载蓝牙（外放），还可以使用手机蓝牙		
3 级问题	上车前要做好心理准备	行车/倒车速度慢，会被其他驾驶员催促		
		遇到问题容易慌		
		驾驶员的鞋底过厚时，较难估计自己踩踏的力度大小		
		很少看后视镜，或者后视镜的区域被靠枕或其他物品挡住		

3．设计测试

- 概念设计

概念设计框架如下图。

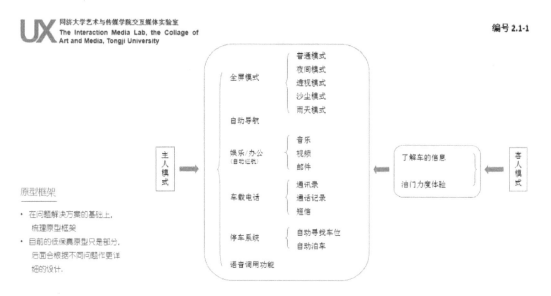

汽车概念设计框架

低保真原型图

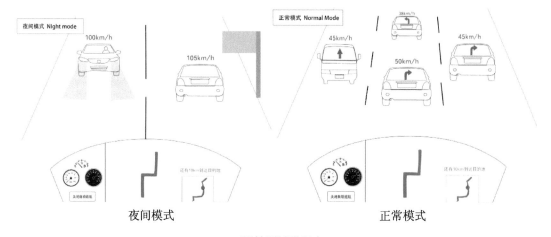

夜间模式　　　　　　　　　　　　正常模式

可用性测试进行中

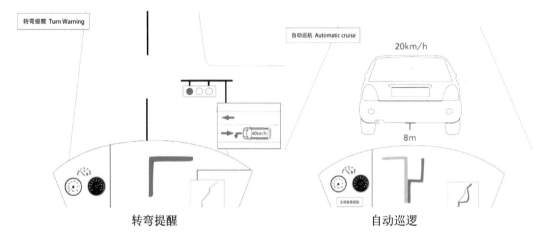

转弯提醒　　　　　　　　　　　　自动巡逻

可用性测试进行中（续）

动态原型

先是来到红绿灯路口，然后 HUD 提醒注意红绿灯，且告知红灯时间还有 5s；通过红绿灯后，车辆加速行驶，与前车距离逼近，这时 HUD 提醒注意保持与前车距离；车辆变道，打转向灯后，仪表盘显示后面车况，同时 HUD 显示后视镜可视范围内的后车速度和车距；变道后，前面车辆较少，于是欲加速行驶，这时 HUD 红色加深右边小道，提醒注意非机动车辆；行驶一段时间后，进入一条拥挤的道路，行人和非机动车都较多。于是车辆以低速前进，不一会儿 HUD 非机动车图标闪烁，提醒右后方有辆摩托车靠近。

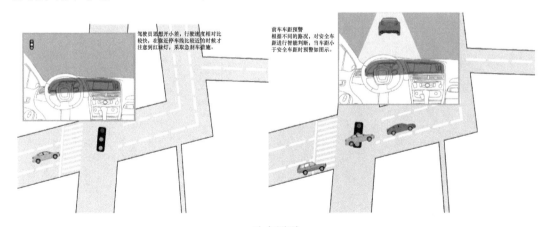

动态原型

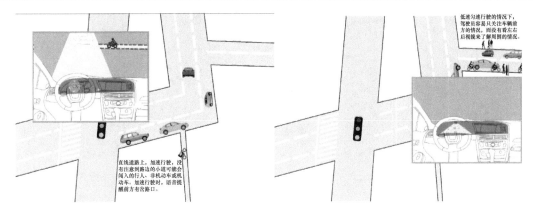

动态原型（续）

测试工具

VirtualBox 是一款简单易用的且完全免费的开源虚拟机软件，VirtualBox 目前支持的操作系统包括 Debian、Fedora、Linux、Mac OS X(Intel)、Mandriva、OpenSolaris、PCLiunxOS、Red Hat、SUSE Linux、Solaris 10、Ubuntu、Windows、Xandros、openSUSE 等。

VirtualBox 是一款功能强大的 x86 虚拟机软件，它不仅具有丰富的特色，而且性能也很优异。更可喜的是，VirtualBox 现在是一款开源、免费的虚拟机软件，性能不比 Vmware、VirtualPC 差，支持的系统环境也很丰富。用 VirtualBox 安装 Linux 系统后还可以安装其增强工具，使鼠标在主机与虚拟机间自由移动，并且可共用剪切板。性能优异却占用很少的资源，虽然是英文版，但是安装到系统盘就可以自动切换为中文，方便使用。

测试内容

根据汽车安全驾驶设计项目确定测试内容是原型，低保真原型。

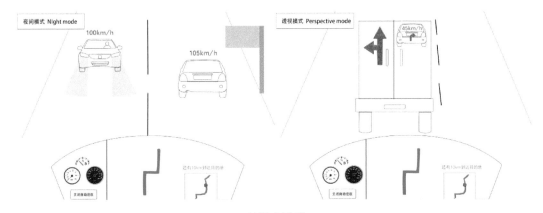

低保真原型

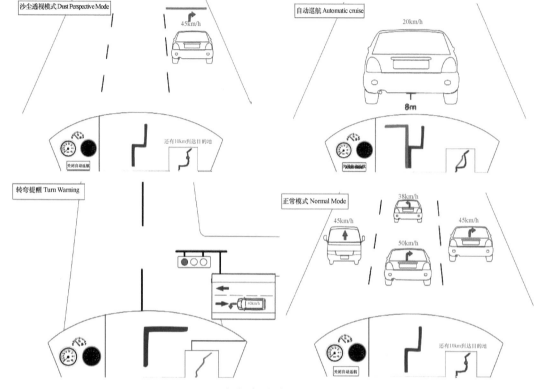

低保真原型（续）

场景测试

在进行场景测试之前，研究人员布置测试任务、访谈问题以及测试后驾驶行为分析。

开车前场景设定：

- 告诉驾驶员关于汽车的基本信息，包括油量、胎压等，到达极限值的时候，给出加油或换胎的提醒——帮助驾驶员修正不良的驾驶习惯。
- 告诉驾驶员上次驾驶的得分，呈现信息可以是：
- ➤ 您的本次驾驶打败了 73% 的驾驶员；
- ➤ 恭喜你成为了环保小贴士！您的本次驾驶保护了 5 棵树哦～
- 驾驶员可以将自己的得分分享到微信朋友圈、微博等社交平台。
- 给出本次驾驶的建议，例如，起步时的油门轻踩等。同时指出良好的驾驶习惯，并奖励驾驶员积分——鼓励驾驶员保持良好的驾驶习惯。

开车后场景设定：

- 对驾驶员一路的驾驶过程评分，本次评分是后台记录，不呈现出来，结果会在下次开车前告知并呈现。

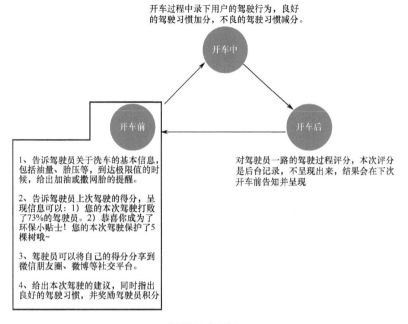

场景测试分析

访谈问题如下：

（1）你是否希望在开车前先了解车身信息？如果希望的话，你希望了解什么信息？

（2）你觉得关于本次驾驶行为的评价结果何时显示告知比较好，是开车前，还是开车结束的时候？如果有评价结果你希望知道什么信息？

（3）如果我们能够评价你的每次驾驶行为，你愿意分享到朋友圈、微博等社交平台么？如果愿意的话，你希望什么时候分享呢？给你提供信息的同时分享还是任意时间分享？是希望在车上直接分享还是利用手机分享？

（4）你愿意接受在任意一次驾驶之后给你提供驾驶建议么？

在对测试前中后整个流程做出设计和安排以后，针对新手驾驶员安全驾驶测试的测试场景，研究人员将参与测试的驾驶员分别安排在白天和晚上，即测试场景分为白天驾驶场景和晚间测试场景。

白天驾驶场景

白天测试场景安排及测试内容和访谈问题。

时间：11 月 10 日下午 3 点半。

路线：校门口——安亭——工业园区——嘉定。

被测人员：女性新手驾驶员。

测试车辆：Ford。

目的：白天，城市城郊等各种路况行车安全问题。

重点观察场景及分析

（1）匀速行驶情况下，大型车、公交车对驾驶员心理、行为的影响，特别是驾驶员对车距的把握，会不会导致车道偏离。

场景测试分析

对于大型车辆，驾驶员不会惧怕，但会保持一定距离，其中土方车是最想避免的，第一土方车经常会抖出泥土等，第二行驶过后会扬起沙，影响视线。

（2）不同路况下的变道操作，即车辆少时有没有频繁变道，什么情况下会变道，变道时方向灯操作。

车辆不是很多，车况良好，驾驶员变道频繁，但一般都会打方向灯，当前方有相对较多车辆、车速较慢时，欲变道超车，于是加速，再打方向灯，但这时前车突然也欲变道且不打方向灯反而是踩刹车，此时驾驶员鸣喇叭的同时踩刹车，前车便放弃变道，然后继续加速超车。

（3）不同路况下的超车行为（频率等），超车时对车距的判断，及后视镜盲区的影响。

前方摩托车挡道：按喇叭提醒，变道避让。后视镜看不到后车时变道不打方向灯。

（4）红绿灯十字路口或直角转弯时，对周围车辆行人距离感的判断。

操作和车速变化：红绿灯前——变道——减速 50km/h——刹车 20km/h。

（5）倒车入位时，后视镜的观察，车距的把握，及盲区的影响（如地下停车场，灯光暗、柱子比较多，停在两车之间）。

（6）地下车库停车时，后视镜有没有白斑效应？若有，对驾驶员的影响如何？

驾驶分析

（1）想变道超车的情况多是因为前车行驶速度太慢造成。

（2）当前车突然变道，不打转向灯的时候，变道超车会遇到困难，此时驾驶员会按喇叭示意，实在不行会放弃超车。

（3）车况较好、车辆较少的时候，驾驶员会频繁变道超车，且行驶速度较快。

（4）驾驶员变道原因：前方车速较慢为了超车、需要转弯变到相应的道、红绿灯比较多须变到相应的道上。变道不会打转向灯，有的是因为忘了，有的是因为看了后面的路况，觉得没有必要打转向灯。

（5）红绿灯变道的时候，驾驶员会提前变道，一般不会突然变道。具体什么时候变道没有明确的标准，往往是靠感觉。

（6）当车辆靠右行驶时，驾驶员会频繁注意道路的右边，主要是注意辅道或路边的行人、自行车和摩托车等。

（7）遇到陌生的道路时，驾驶员会使用手机导航，在开车前先看好路线，在开车过程中，只听声音，不看手机，手机会放在操作杆后的空位。

（8）驾驶员对上方的路标不会特别在意，因为对路线比较熟。

（9）该驾驶员车距判断主要凭感觉，对于小型车，原则是车头看不到前车的牌照就行，大概 1.2m，但每个人的身高不一样，所以还是看个人。

（10）在行驶过程中，有一个路口，因为没有看到地上的路标，而在红绿灯前突然变道。

（11）对于大型车辆，驾驶员不会惧怕，但会保持一定距离，其中土方车是最想避免的，土方车经常会抖出泥土，而且行驶过后会扬起沙，影响视线。

（12）在匀速驾驶的时候，驾驶员习惯一手握方向盘，一手握操作杆，原因是自己习惯开手动车。

（13）驾驶员的倒车技术比较熟练，在侧倒、正进、反进的时候速度都比较快，一方面是因为驾驶员的驾驶技术比较娴熟，另一方面，停车的时候空间比较大，邻没有车辆。

其他观察或访谈点

起步油门太快，声音很大，开惯自己的车，习惯了踩下去的力道，再开别人的车就不习惯油门了。

大货车反向快速驶过，若向我方偏，我亦偏。

前方土方车扬起的尘土影响视线，减速行驶。

旁边有栅栏，根据反光镜判断距离。

后面车窜上、前车车速慢会影响到超车。

夜间驾驶场景观察

夜间测试场景安排如下。

时间：2014 年 11 月 10 号，晚上 5:30—7 点左右。

路线：G2、G15、G42 高速公路，曹安公路，江桥镇镇内道路，同济大学校内道路。

被测人员：男性新手驾驶员。

测试车辆：Ford。

目的：高速、下班高峰期，行车安全问题、夜间行车。

重点观察场景及分析

（1）高速行车的速度，超车行为，有没有其他一些开车的行为习惯。

（2）下班高峰期，低速行车时，油门刹车的操作，前后车距的把握。

（3）有没有及时看见各种道路标志、标牌。

进入收费站的路口忘记打转向灯

出岔路口进入 G2 有一块指示牌，经过它的时间较短容易错过，但驾驶者已养成良好的看路牌的习惯，会注意道路上方的指示。

上坡切换到远光灯，看清楚向左拐的路标

进入收费站降低车速，已经从后视镜中提前看到了左侧突然驶来的客车。

事前准备

（1）确定高速路段。

（2）下载高德导航。

事后/情景式访谈问题

（1）高速行车过程中，有没有注意力分散的情况发生？是什么原因导致你分心？

（2）傍晚弱光环境下，有出现白斑效应吗？即后视镜晕眩，干扰正常驾驶。

（3）红绿灯前，或是下班高峰期低速行车时，对车距和行人的把握有没有感到困难？

（4）在什么情况下，你会忘记或是看不到路标？

（5）根据实际情况提问。

驾驶分析

（1）因为上海非机动车较多，整个行驶过程中经常查看右视镜，来看是否有非机动车行驶过来。

（2）拐弯或变道时，因习惯提前看后视镜确认是否有车辆在后方，所以会忘记打转向灯。

（3）在车速较低时会主动看后视镜来观察周围环境。

（4）爬坡时打开远光灯来判断路线。

（5）夜间，为了看清路面白线来判断道路走向会开远光灯。

（6）超车时判断与前后车的相对速度。

（7）通过两个后视镜的亮度来判断左右侧是否有车辆。

（8）前方车辆较为平稳地行驶时会习惯跟车，这样会比较轻松。

（9）晚上更容易急刹，因为相较白天，不能准确判断前车速度。

（10）遇车辆缓行时，男性会挂空挡刹车踩得比较轻，女性比较不愿意换挡，会一直踩刹车。

（11）晚上更倾向于跟车，这样更轻松，但也容易发生追尾事故。

（12）高速路上转到另一条路上时，打转向灯提醒后车不要跟车，以免后车走错路。

（13）自发光的广告或警示牌光强度过大，给驾驶员带来很大干扰。

（14）有些车，例如拖车，车后方会安装强度很大的灯来防止后方车辆跟车太紧，但若行驶路线相同，前方会一直有强光照射，干扰很大。

（15）车内外温度或湿度相差较大，挡风玻璃会突然起雾，视线突然消失，十分危险，只能通过驾驶员或副驾驶手动清除，或马上开窗，但不能马上做出反应。

测试场景图

测试与访谈报告

1. 关于路边小道提醒的功能

— 挡风玻璃上：当检测到一定速度的机动车或机动车时，在挡风玻璃上显示的真实小路上加上红线标出，同时以一个红点代表非机动车或机动车，在线上的一个位置闪动 3 秒后，红点与红线保持相对静止的状态。

— 仪表盘上：显示以自身车辆为中心的周围车况的缩略图。

— 语音提醒：当红点停止闪烁的时候，语音提醒驾驶员，例如，"右前方 500m 有一小道，请减速慢行！"

— 取消的方法：（1）当车辆经过该小道的时候，（2）驾驶员语音控制，［取消］即可，若在红点闪烁的时候取消，语音提醒也不会出现。

2. 变道问题

— 挡风玻璃上：驾驶员打转向灯的时候，显示要变的道上的后车的车速和车距。

— 仪表盘上：显示以自身车辆为中心的周围车况的缩略图。

— 语音提醒：前车或后车车距预警的时候，可以语音提醒："保持前车车距！/保持后车车距！"

— 取消的方法：无取消方法，可以在设置模式中改动，当驾驶员回打转向灯的时候，信息显示消失。

3. 红绿灯路口显示问题

— 挡风玻璃上，在距离红绿灯一定距离的时候显示虚拟红绿灯，并显示相应的秒数。

— 仪表盘上：显示以自身车辆为中心的周围车况的缩略图。

— 语音提醒：当该车必须紧急制动才能停在线内的时候（范围可以是速度 x1.5 倍的紧急制动时间），给出语音提醒："前方停车线，请刹车！"

— 取消的方法：挡风玻璃显示可以取消，但是语音提醒不能取消。

4. 拥挤道路上的超车问题

— 挡风玻璃上显示与周围车的车距，提醒是否为安全车距。

— 仪表盘上显示目前车速是否为安全车速。

— 语音提醒，是否可以超车。

— 取消的方法：无取消方法，可以在设置模式中改，当驾驶员回打转向灯的时候，信息显示消失。

5. 车辆在转弯的时候，避让行人的问题

— 挡风玻璃上：遇到危险情况时有黄色或红色的警示，黄色表示有点危险，红色表示非常危险。

— 仪表盘上：显示当前速度提示。

— 语音提醒：后方是否有行人、车辆，可以转弯的安全车距与时间。

— 取消的方法：当驾驶员减速或刹车时，信息显示消失。

6. 停车问题

— 觉得原型上的三个内容都不错，如果可以找停车位就更好，不过还没有在收费的停车位停过车。

— 停车的经验比较少，这次是第二次停车，需要别人下车指挥才会停好，主要是不好判断车头右侧与旁边的距离，因为驾驶座在左边，要判断车右边的车距有点困难，而且前后移动久了，会对车轮的方向感到疑惑。

— 觉得原型上的信息是分阶段的，首先最重要的是停车路线，其次是实际的后倒车影像，方向盘的转动可以有，但感觉不是那么重要。

7．前车的前方路况问题

— 驾驶员很少开车，还没有过这种经历，不过有显示的功能也是不错的。

— 检测前车的前方是否有车还是必要的，这种情况一般发生在高速公路上、乡村道路上，或者只有一前行。

— 如果能显示信息的话还是比较好，该驾驶员遇到需要了解前车前方车况的情况还是比较多的。

8．持续性使用的问题

9．评分系统的结果

结果包括超速次数、闯红灯次数、忘打转向灯次数。

第8章　系统开发与运营跟踪
（Development and Operation）

当有了可视化的设计产品后，我们可以进行产品投入使用前最后的步骤，进行系统开发。正如不会写代码的交互设计师不是好的产品经理，无论你在团队中担任何种角色，都应该对其他成员的工作有所了解，比如设计师输出交互规范文档及设计说明书给开发人员，他们需要懂得开发人员希望看到的表达方式，以便与开发人员更好地沟通。当产品正式上线后我们的工作仍未结束，对运营数据的监测是版本更新的重要依据。这一阶段包括系统开发和数据跟踪两个部分。

8.1　商业

当项目进行到这一阶段时，项目组应该总结前面几个阶段所探讨过的关于商业的市场定位、模式等内容和设计，并输出文档以备以后发布和运营产品的时候随时回顾。

开发指南（Guidelines of Development）

开发指南描述特定细节、特征和行为，有助于服务的实行，主要用于设计师和执行人员之间的沟通。开发指南需要根据它的使用场景和阅读对象进行相应的书写和设计，应确保开发人员能根据该文档立即投入开发过程。

8.2　信息

当产品上线或发布后，项目组需要持续收集用户的行为数据和系统的运营数据，并定期进行一些分析，为下一版本的优化和更新，甚至挖掘更多的设计机会做准备。

搜索引擎优化（Search Engine Optimization）

搜索引擎优化（SEO）是一种利用搜索引擎的搜索规则来提高目的网站在有关搜索引擎内排名的方式。通过 SEO 这样一套基于搜索引擎的营销思路，为网站提供生态式的自我营销解决方案，让网站在行业内占据领先地位，从而获得品牌收益。研究发现，搜索引擎的用户往往只会留意搜索结果最前面的几个条目，所以不少网站都希望通过各种形式来影响搜索引擎的排序，尤以各种依靠广告维生的网站为甚。所谓"针对搜索引擎做最佳化的处理"，是指让网站更容易被搜索引擎接受。

优化方式如下。

整站优化：通过对网站的整体优化来达到提升网站整体关键词排名的目的，包括热门关键词、产品关键词以及更多长尾词的排名。

关键词排名优化：根据客户提供的少量几个关键词进行优化，通过修改登录页以及增加外部链接来提高关键词排名。

步骤如下：

（1）关键词的研究及选择；

（2）全面的客户网站诊断和建议；

（3）搜索引擎和目录的提交；

（4）月搜索引擎排名报告和总结；

（5）季度网站更新。

案例：

走秀网 SEO 分析。

走秀网 SEO 分析

www.xiu.com

走秀网是一个品牌销售平台，在这个平台上有很多世界顶级的奢侈品牌在线销售。走秀网的优化主要就是以品牌为中心进行拓展关键词，并对拓展出的关键词进行优化。以下以网站标题、关键词、描述语的书写为例进行 SEO 分析。

标题：走秀品牌馆—顶级奢侈品牌和知名品牌网络旗舰店—走秀网

走秀网的品牌展示页的标题包括"奢侈品牌"、"知名品牌"、"奢侈品"等关键词，这样写出来的标题非常符合走秀网的品牌展示页，也是比较合理的。

关键词：奢侈品牌、知名品牌、奢侈品网购、品牌网购，关键词标签里重复了标题的关键词。

描述语：走秀网走秀品牌馆是顶级奢侈品牌和知名品牌网络旗舰店，是网上购买奢侈品和品牌商品的首选，100%原装正品保证，全场超低折扣，安全无忧的货到付款和 7 天无条件退换货保障。

走秀网品牌页的描述语写得有些啰嗦，把描述语分为两部分。

第一部分："走秀网走秀品牌馆……品牌商品的首选"这部分描述语直接把标题拿过来加几个新的词就组成了描述语的上半部分。

第二部分："100%原装正品……退换货保障"的描述在这里没有太大的作用，还不如将这些文字修改成直接与品牌更相关的句子，让人看起来就是大品牌。从专业角度看，这些描述语全都是使用程序自动生成的。

对于品牌页如此重要的页面，描述语应该由专业的编辑人员来写，能够更好地吸引用户点击和购买。

网络行为跟踪（Online Activity Tracking）

网络行为跟踪主要用于远程网络原型测试的数据收集，用户的行为路径可以反映流程和功能的设计是否合理。通过对 Web 客户端（访问者）的网络通信数据进行实时拦截、分析，并可采取相对应的行为对策，比如通过对客户端浏览器发送的 HTTP 数据进行分析，便可得到 Web 客户端（访问者）请求访问地址和提供数据传输等。

IP 地址

IP 地址是确认用户身份的最基本的方法。现今，在家或者办公室，你的计算机很可能与你的其他网络设备共享同一个 IP 地址。根据 IP 地址，网站可以大致确定你的地理位置——尽管不能精确到街道，但是一般能确认你所在城市或者区域。

HTTP Referrer

当你点击一个链接的时候，你的浏览器会加载这个页面，并告诉你这个网站是从哪来的。这个信息被存储在 Http referrer 信息头中。当你下载当前页面内容的时候，http referrer

也会被发送。

Cookies 和跟踪脚本

Cookies 是一些信息片段，网站可以将它们存储在你的浏览器上。它有许多正当的用途，比如当你登录网络银行时，Cookie 可以记录你的登录信息；当你改变对一个网站的设置时，Cookie 也会记录下来，这样设置就可以一直在浏览的过程中有效。

Cookie 也可以用来识别和记录你在某个网站上的行为。这并没有什么危险——这个网站可能想知道你在浏览什么网页，这样它就可以知道你体验如何。而真正有危险的是那些第三方的 Cookie。

设计案例：

本例来自 UxLab 2012 年商务随行移动客户端优化项目。项目组在手机原型的网页版的基础上，设置网络测试，请测试用户按照给定的任务，走完测试流程。通过观察测试用户在测试过程中的流程走向，分析页面的逻辑跳转和页面布局，最终对软件流程及页面布局进行进一步的优化。从网络测试的分析结果可以看出这次测试的用户访问量、浏览量、每次访问的页面量等信息。

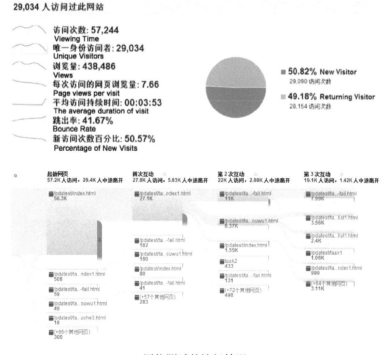

网络测试的访问情况

任务一： 查看【热销产品】"蛋白质粉770"，收藏并添加3件到【购物车】，再从【纽崔莱产品列表】中添加一件"茶族60粒"到购物车，地址为：广州市白云区同和大街12号，使用【支付宝】完成支付。

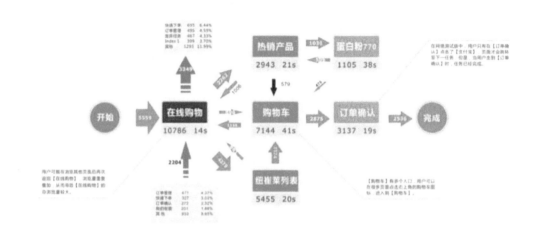

测试中用户的流程走向

用户反馈收集（User Feedbacks）

用户反馈收集是指通过各种手段获得用户尤其是目标用户的反馈意见，从而了解用户的需求，更好地指导产品的开发。

用户反馈的分类如下。

（1）在线反馈。这种模式的主要价值在于当任何用户在使用网站遇到阻碍，或者感觉十分不爽的时候，他倾向于使用这种反馈方式。

（2）主动给用户打回访电话。这种收集反馈的好处是可以深入沟通，一般这样的电话打过去，至少会沟通十分钟以上，电话中可以收集到很多改进性的建议，因为通过邮件或者文字回馈，用户不愿意提供这些信息。但通过电话，因为受到重视，用户经常会给予一些非常有价值的建议。

（3）微信或者 QQ。这种方式的好处是有持续性，因为在即时通信工具中，当对方遇到网站的问题时，往往会立刻给出反馈。比如网站宕机，或者遇到一些特定的情况时，这些忠实的用户会第一时间给出反馈。

（4）微调查系统。一是快速收集用户信息，二是这些资料可以通过选项进行过滤和搜索。

8.3　设计

无论是交互设计师还是界面设计师，总是容易陷于主观的视觉表达之中，但在一个项目的整个过程中，除了概念的产生对项目的进展十分重要之外，设计文档的记录以及规范化表达也是重要的辅助设计。内容齐全且表达清晰的文档有利于团队中其他合作的设计师以及接手的开发团队传阅，也能节省很多因为需求不清晰而产生分歧所浪费的时间。

设计/服务说明书（Design/Service Specification）

设计/服务说明书是类似需求文档的描述性文本，产生于设计过程中。它详细地描述了整个项目的目标，基于每个步骤中新的观点不断新增内容。文档可以帮助团队形成共同焦点并确保项目运行。设计说明书应涵盖项目所有的设计细节，包括前期调研的产出物、设计原型、优化方案以及界面设计所需的界面风格指南、布局设计、界面元素规格、交互定义等，应确保任何第三方或其他项目承接人拿到该说明书即可投入设计。

设计案例：

本例来自 UxLab 2012 年车载社交项目。通过调查以广州地区为主的中国智能手机使用人群的使用习惯及偏好，探索智能手机应用程序在车载 GPS 终端平台上的可行性及优化设计。项目组根据前期调研选择了社交这一设计方向，并根据该产品的社交定位、流程以及当时车载系统主流的设计风格设计了高保真原型。最后生成设计说明书。

设计说明书目录

前端软件开发（Front-end Software Development）

邮件关系可视化界面定义（Mail-Net: Visualizing email-based social network）如下。

（1）T：联系人发给我的最近一封邮件的日期；

（2）R：圆点的半径；

（3）M：联系人发给我的邮件数量；

（4）Alpha：透明度。

我与联系人关系界面说明

1. 界面元素说明

界面元素	界面元素定义			
点	代表 1 个联系人，每次只同时显示 7 个联系人			
	属性		意义	计算方式
		半径大小（R）	联系人发给我的邮件数量（M）	$R=\alpha M$（α 值待定）
		透明度(alpha)	最近一封邮件的时间（T）决定	alpha=$[1-(T_{今日}-T_{最近})\beta]\times100\%$（$\beta$ 值及算式待定）
		排列位置	在所有联系人中，显示 R 最大的前 7 名联系人；把 R 最大的居中放置，其他联系人按照 R 的递减顺序排列在两侧	
		间距	所有联系人等间距	
线	代表联系人直接发邮件给我的关系（From:联系人；To：我的关系）			
	属性		意义	计算方式
		透明度(alpha)	最近一封邮件的时间（T）决定	连线的透明度与点（联系人）的透明度相同
		长度	根据点的位置而定	

2. 交互方式

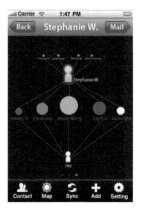

操作方式	效果
iPhone 的放大手势	放大视图
水平滑动共有联系人区域	移动区域位置，显示 R 大小排列为 6～10 的 5 个联系人（点按照右边大左边小排列），移动时，我和目标联系人头像不跟随移动
单击点	跳转到我与该联系人的关系图
单击目标联系人	跳转到我与该联系人的邮件列表

3. 所有联系人全视图界面说明

界面元素	界面元素定义			
点	每次只同时显示给我发邮件数量最多的前12个联系人			
	属性		意义	计算方式
		半径（R）	联系人发给我的邮件数量（M）	$R=\alpha M$（α 值待定）
		透明度(alpha)	透明度由联系人发给我的最近一封邮件的日期（T）决定	alpha＝$[1-(T_{今日}-T)\beta]$ ×100% （β 值及算式待定）
		排列位置	从十二点钟方向开始，按照 T（最近一封邮件）排列，倒序排列	
		间距	所有联系人等间距	
小点	"外围联系人" ——代表该联系人与我共有的联系人 显示定义：如果"小点"的排列超出屏幕范围，则隐藏不显示；当用户缩小"地图"增大显示范围时，在显示范围内的"小点"予以显示			
	属性		意义	计算方式
		半径（R）	联系人发给我的邮件数量决定(M)	$R=\alpha M/4$（α 值待定）
		透明度（alpha）	T（最近一封邮件）决定	alpha＝$[1-(T_{今日}-T)\beta]$ ×100% （β 值及算式待定）
		排列位置	按照半径大小排列：半径越大，越接近圆心	
		间距	所有联系人等间距	

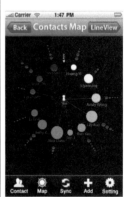

交互方式如下：

"联系人地图"不能点击，用户可以通过 iPhone 的手势，对图进行放大、缩小、位置移动的操作。

界面组件开发（Interface Component Development）

界面组件开发主要的要素有界面组件、视图、样式、html 静态片段和 html 实体片段。

- 界面组件：将某一特定的界面应用功能进行封装，包括数据和数据显示。
- 视图：组件在不同条件下呈现给用户的界面。
- 样式：组件的显示风格。
- html 静态片段：产品部提供的组件 html 代码。
- html 实体片段：组件库开发组提供的组件 html 示例代码。

案例：Android UI 界面组件开发

本文档描述了二级菜单所使用的 API，方便开发人员快速上手使用 UI 组件完成

Android 平台应用程序的开发。

工作原理

本文档主要说明自定义控件：二级菜单的设计说明；供需要了解二级菜单实现原理，要对二级菜单进行二次开发的研发人员参考，需要一定的 Android 开发知识。

定义

- SwitchMenu：主菜单；
- MenuItem：主菜单的菜单项；
- SubMenu：子菜单。

术语示意图

程序系统组织结构

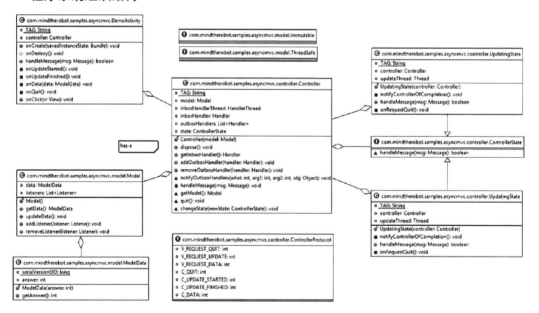

程序组织结构图

SwitchMenu 主菜单设计说明

● 程序描述

二级菜单的主菜单。这里说明主菜单的结构、滑动效果的实现及事件处理流程。

● 功能

本模块为二级菜单的主菜单，负责主菜单的显示及对子菜单的管理，包括添加、切换、弹出等。

● 性能

本菜单的滑块有滑动效果，需要一定的硬件性能，不过目前常见平台都能实现流畅的效果。如果使用虚拟机运行，由于性能较低，滑动效果将不流畅。另外，各个动态效果的时间默认值为 250ms，组件提供接口修改动态效果动画持续时间。

● 输入项

（1）数据输入项：组件提供了接口函数供用户设置菜单数目、菜单项标题、样式效果等，详见组件 API 说明文档。

（2）回调函数：组件提供了多种回调函数，用户控制组件的各种行为，或实现与用户的交互。详细的回调函数说明详见组件 API 说明文档。

（3）键盘输入事件响应：组件处理键盘左右方向键以及确定键，左右方向键控制组件的左右移动，确定键提供回调给用户，实现选择的回调。

● 输出项

（1）主菜单在设备中显示出主菜单项。

（2）焦点切换时滑块有滑动效果。

（3）切换焦点时会弹出子菜单（如果存在）。

（4）当单击或按"确定"键时，选中当前焦点项，调用回调函数。

● 算法/实现说明如下。

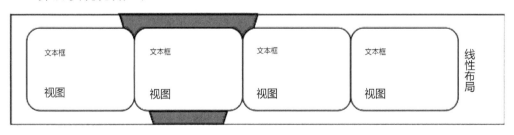

菜单设计结构图

继承自 LinearLayout。每个菜单项为一个 TextView 或任意的 View。红色为滑块，置于 Layer 的背景图之上、子 View 之下。滑块的位置与当前选中项的关系为居中对齐。

使用一个 Scroller 来做滑动效果。当每次左右移动时，启动 Scroller 滚动器，在 dispatchDraw 函数中，滑块根据滚动器当前状态绘画。

当滚动未完成又重新接到移动的事件，即连续按键时，会根据当前位置及移动方向重新设置滚动器，从而达到连续按键时的滑动效果。

- 流程逻辑

一级菜单的事件处理三个事件：左/右键及确定键。

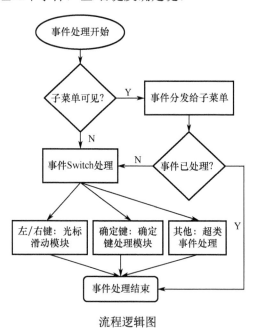

流程逻辑图

- 接口

在显示时，会获取 SubMenu 的数据，并同步到 MenuItem 中显示出来。

- 存储分配
- 限制条件
- 测试计划

（1）黑盒测试：基于实现的两套 DEMO 测试控件的功能、效果、性能等问题。

（2）白盒测试：基于说明文档，对控件的可配置属性进行修改测试，需要一定的开发知识。

- 尚未解决的问题

SubMenu 子菜单设计说明

- 程序描述

二级菜单的子菜单：这里说明子菜单的结构、滑动效果的实现及事件处理流程。

- 功能

本模块为二级菜单的子菜单，负责子菜单的显示、滑块滑动、内容滚动、事件处理等。

- 性能

本菜单的滑块有滑动效果，需要一定的硬件性能，不过目前常见平台都能达到流畅效果。如果使用虚拟机运行，由于性能较低，滑动效果将不流畅。另外，各个动态效果的时间默认设为 250ms，组件提供接口修改动态效果动画持续时间。

- 输入项

设置所需的滑块资源、分隔条资源，可见行数、子菜单相关属性等，系统提供默认值自动设置所需属性。

- 输出项

子菜单在设备中显示出子菜单项。

焦点切换时滑块有滑动效果。

- 算法/实现说明

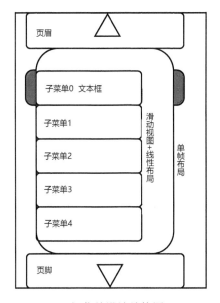

二级菜单设计结构图

与一级菜单类似，当滑块滑动时，使用一个 Scroller 实现滑动效果。当内容滚动时，使用另一个 Scroller 调用 ScrollView 的 ScrollTo 接口实现。

- 流程逻辑

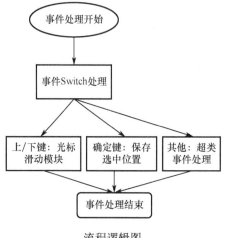

流程逻辑图

二级菜单处理三个事件：上/下键及确定键。

Demo 演示

用两个简单的 Demo 来演示菜单及二级菜单相应的功能，包括如何定义和设定该二级菜单，如何操作该二级菜单。Demo 是在 800×600 的分辨率下演示的。

我们用以下 Demo 来进行详细说明，效果图如下。

Demo 演示

左右切换，菜单项改变，如果有子菜单，则弹出相应的子菜单；如果连续按左/右键，滑块会相应地左右滑动。指示 1 为一级滑动框，指示 2 为相应一级菜单弹出的二级菜单。

　　按向下键，进入该菜单下的子菜单，子菜单焦点框随上/下键上下浮动，进行相应的选择。如果该菜单数目过多，有三角形提示上面或下面还有菜单，且该焦点滑块根据项目的内容确定是框还是内容滑动。指示 1（谍战）为二级滑动框，指示 2（电视栏目下的菜单）为相应一级菜单弹出的二级菜单，指示 3 为三角形提示，若二级菜单过多就会出现。

　　上下移动子菜单的滑块，按 Enter 键进行相应菜单的选择，这时菜单项的标题变成子菜单的标题（指示 1），子菜单关闭，并且箭头变成向上（指示 2）。

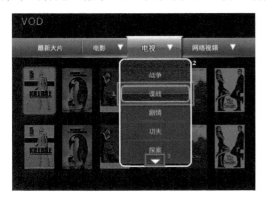

Demo1 二级菜单滑块移动　　　　　　　　　　Demo1 按下 Enter 键选择二级菜单后

　　当左右切换到其他菜单时，按下 Enter 键，相应的标题变换成选择后的子菜单标题，而之前选择的菜单变回原来的标题。

Demo1 移动选择其他菜单

综合案例："一天"项目运营周报

1. 用户情况分析

"一天"游戏每日新增用户以及累计用户的统计情况。

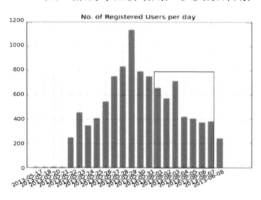

每日新增注册用户情况　　　　　　累计注册用户情况

回头用户数统计情况。回头用户是指非首日使用 App 的用户。从下图中可以看出，回头用户数没有形成持续的增加，反而在本周有所下降。表明"一天"应用尚未形成对用户的足够黏性，没有吸引用户持续使用 App。

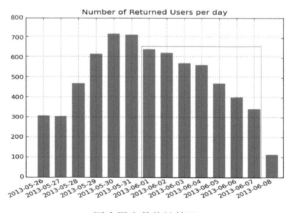

回头用户数统计情况

2. 上线时间分析

用户上线天数的分布情况（人数及比例）。其中上线天数仅为 1 天的用户占 63%，小于 5 天的用户超过 90%。

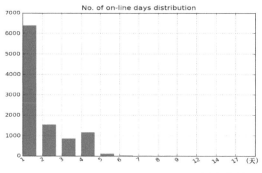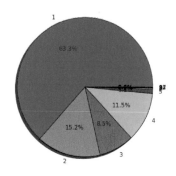

用户上线天数分布

用户每日操作数量的分析。因为用户进行每次操作的动作都记录在服务器端，因此每日操作数量可以近似代表每日用户上线时间。从结果可以看出，用户每日上线时间不长。

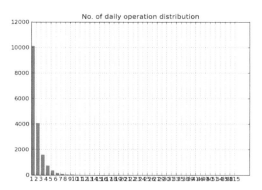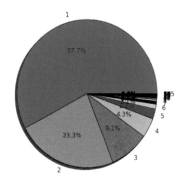

用户上线每日时长分布（近似）

用户每日上线时刻的分布图。可以看出，用户上线时间较多地集中在早上 7~9 点，以及晚上 11~12 点左右。

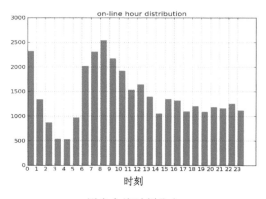

用户上线时刻分布

3. 日记发表数量分析

用户每日发表日记数量的分析。每日发表日记的数量在 100～200 左右。

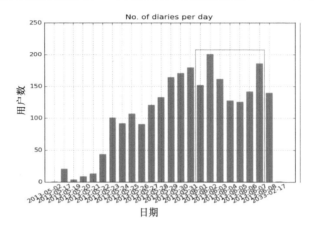

每日发表日记数量分析

发表不同日记数量的用户分布。其中约 75%的用户仅发表过 1 篇日记，超过 90%的用户发表的数量少于 3 篇。

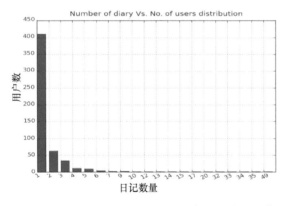
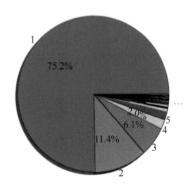

每日发表日记数量分析

4. 应用版本统计

当前"一天"应用的版本分布。其中，1.0.0_1 和 1.0.1_2 是第一版上线的"一天"应用（不稳定版本），1.0.0_1 和 1.0.1_2 功能相同，1.0.1_2 对安装包进行了优化，减小了安装包；1.0.2_3 是目前功能版的稳定版本，达到全部用户数的 12.5%。

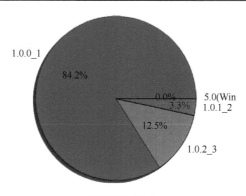

当前版本分布

5. 用户机型分析

用户手机 Android 系统版本分布。版本较多的分别是 Android4.04/4.1.2/2.3.6/4.1.1/2.3.5/4.0.3。该版本应该在后续测试计划中重点进行测试。

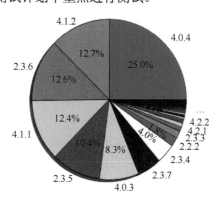

用户手机 Android 系统版本分布

Top20 的手机品牌和型号分布。总体看来，当前用户使用的手机属于中低端 Android 手机，从中可以进一步分析手机用户所属的群体（学生族等）。

Top20 手机品牌及型号

1～5		6～10		11～15		16～20	
MI 2	338	GT-I9100	168	GT-N7000	83	ZTE U930	70
MI 1S	279	ZTE-T U880	124	M040	78	GT-I9308	67
GT-I9300	220	HUAWEI C8812	96	HUAWEI C8813	74	GT-I9100G	66
GT-N7100	215	MI 2S	94	GT-N7102	74	GT-S7568	65
MI-ONE Plus	210	MI-ONE C1	84	ZTE U795	74	K-Touch W619	65

6. 下载渠道分析

渠道名称代表的含义如下。

0	应用商城发布，没有进行推广
1~4	分开 4 个特定的其他渠道发布，并进行推广

"一天"应用的下载渠道分析。可以看到，超过 95%的用户是从推广渠道获得的，而在没有进行推广的应用商场获取软件的用户在 5%左右。

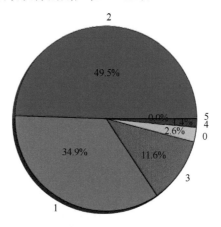

应用下载渠道分析

第9章 Uxlab 交互设计教学产品

交互设计方法体系繁杂，学生很难在短时间内对整个方法和过程有一个整体的理解，如果没有教学上的创新，对于综合性较强的实践性科学（如设计），学生会局限到某些具体的方法上，很难在短时间内快速展开具体的设计项目，从项目中了解不同的设计方法，并深化方法之间的系统关系和前导后续关系，也很难快速进入科研项目的协作工作中。

基于多年的科研和教学积累，笔者所在的实验室（包括 DMRC 和 Uxlab）已经在交互设计的方法和教具上有了初步的尝试，根据交互设计教学和实践过程的内容开发了教学用卡片系统。在教学中，我们将多数知识点按照教学的时序安排，组织学生进行卡片学习和自我学习，目前开发的教学卡片已经是第三代，同时配套的还有相应的物理介质教学模具。

在教学和科研实践中，采用师生共同讨论的形式，将教学过程中的单纯讲解变成师生互动的教学研讨，整体设计过程的讲解变成了手上几十种设计方法模具卡片的选择和次序安排。师生之间也由单纯教师讲解变为师生互动。

基于模具教学，学校可以对这一教学方法与设计实例进行尝试性的结合，探讨教学模具与教学案例之间的管理和配合。虽然设计方法是固定的，但是设计案例千差万别，如何将设计方法的讨论与设计案例的过程安排进行有机的教学穿插，是教学可以研讨的方向。学校可以结合模具从事交互设计应用的开发，积累大量的案例。经过长期教学，有特色、学生喜欢，且样例性强的实践案例可为学校积累丰富的设计教育资源库。

Uxlab 还提出，在课堂上通过模具教学和课下通过计算机系统辅助教学的线上、线下教学相结合的方式，使得学生在课上与教师进行教学模具互动，线上与其他同学在线互动，分析课程学习动机心理和认知心理，建立正确的认识论和方法论。通过设计调查（用户需求调查、用户操作实验），建立用户模型，结合设计具体的技术方案并加以实施等具体实践环节的训练，学生能够更好地理解和掌握人机交互与界面设计中的各方面知识与技能，并灵活运用，更好地培养实践能力，也为今后的学习与研究打下了坚实的基础。

9.1 教学物理沙盘

教学物理沙盘的基础为一个立方体，立方体的每个面可以吸附（或抽插）一个方法学习卡片；多个立方体可以相互连接与拆卸；最终多个立方体可以展现出一个完整的设计流程，也可用一个立方体展示完整的设计流程。通过设计训练模型，即实训沙盘的操作，可强化学生对理论的理解和构建，最终提高解决问题的能力。

实训沙盘

方法学习卡片：用来确定设计项目中每个环节的设计方法，设计流程分为 6 个环节，根据具体项目，每个设计环节可用 0～N 个方法卡片。

方法学习卡片

A3 卡片组：是实训沙盘的延伸，每种方法对应一张 A3 卡片。在卡片中，用户可以找到方法的解释、使用方式以及具体产出的实际案例等。

A3 卡片组

9.2　数字沙盘

数字沙盘是基于 Win 8 触屏系统的软件，用于在方法培训过程中将交互设计方法体系和具体方法以卡片的形式分类呈现，便于项目管理者和训练者在指导设计师或团队进行项目研究（或企业内进行项目讨论）时直观方便地选取和筛选在项目中可以用到的具体的交互设计研究方法。

基于 Win 8 触屏系统的数字沙盘

本产品目前有适应 27 寸桌面型平板、46 寸触屏电视机版本，接下来将针对更多尺寸的平板进行适配。

- 桌面型（Win8 平板电脑，27 寸）；
- 个人版（Win 8 Pad）；
- 触屏电视机（55 寸、70 寸、80 寸）。

9.3　网络课程

课程是教学资源一种基础的载体，构建电子课程资源能够很好地利用计算机、手机等终端进行随时随地地访问和学习，有助于教学工作的更高效，也能够促进学生学习的自主性和学习时间的碎片化。本实验室的科研团队已经开发了"交互设计"、"可用性测试"、"信息架构"网络课程平台，平台拥有 Web 版、手机版、Android App 三个版本。

课程可以作为学校的网络课程或精品课程，也可以作为电子教材配合实验实训室进行教学运用。

交互设计课程平台（Web 版）

交互设计课程平台（手机版）

9.4　社会媒体——微信订阅号 Uxlab

微信二维码　　　　　　　　　网站二维码

第10章 交互设计案例实践

10.1 马拉松移动应用服务的生态圈分析

调研与分析阶段：基于生态圈的马拉松用户研究

1. 生态圈

与自然界的生态系统相似，马拉松赛事由于涉及范围广，持续时间长，参与人数多，存在各种各样的利益相关者、服务提供者，本身就可以被看作一个完整独立的"生态圈"，里面的各个元素相互联系、相互影响，每个角色都有自己的明确定位。

下面将介绍我们如何采用观察、用户访谈、问卷调查三种方法对马拉松生态圈进行深入的调查研究。

2. 观察

通过观察，我们可以对马拉松生态圈有一个初步的了解，并相对客观地总结出马拉松作为一个独立、有完整体系的生态圈所体现出的特点。为此，我们选取了一些马拉松赛事作为观察对象，分别为2013年11月23日广州马拉松赛、2013年12月15日深圳马拉松赛、2013年12月22日珠海马拉松赛、2014年1月3日厦门马拉松赛。在这四个场次的比赛里，重点进行观察和记录的内容有赛事的情况、比赛的流程、接触点的设置、用户的行为等。四个场次的马拉松赛举办时间均不相同，因此主办方的举办经验也会存在差异，同时由于城市地域的差别，服务设施的设置也存在差异。

根据观察的结果，总结的基本内容如下。

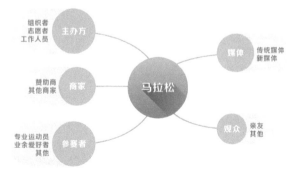

马拉松参与者组成

1）群体性参与

马拉松运动是一项带有明显群体性特征的比赛项目，由于参与的人数巨大，势必造成交通拥堵的情况。另外，群体参与的性质会引发群体的情绪，服务上的偏颇会引发大规模的反应。如深圳马拉松赛，由于赛前节目安排的时间不当，导致出发时间延后，引发了参赛用户的不满，导致场面失控。

2）时间跨度大

马拉松的比赛从开始到结束，大概要耗费5～6小时，对比其他大型体育赛事，这个时间跨度是巨大的。此外，参赛用户的位置一直在变动，无法集中进行，所以现场的观众有大量的闲置时间，除了常规的赞助商现场展示之外，应该有更多的服务机会包含在内。

3）个体表达

通过不同场次的马拉松观察可以发现，在群体参与的背景下是个体的自我表达，一是健康需求上的满足，二是精神需求上的满足。用户都会希望成为跑道上的焦点，也衍生出角色扮演等文化现象。尤其是在冲刺的跑道上，参赛者的情绪达到了最高点。

4）小范围群体的形成

这类现象一般有两种情况。一是以广告宣传为目的的小群体聚集，二是以地区跑团为中心的小群体聚集。小群体聚集有利于用户的共同感和归属感，可以在某种程度上提高用户的热情。

5）可携带设备的应用

相机、手机、手表是观察可见的用户大量携带的设备，并且使用度极高。另外，定位芯片已经在各大赛事普及，但是仍会存在错误，出现失灵、记录不准确等情况。

相关的观察结果简单总结如下。

- 用户对于提升个人跑步技术、获取跑步训练知识有较高的需求。
- 用户参加训练营实质上也是一种社交行为，通过参加类似活动来进行线下（针对QQ群）的交流，并结识志同道合者。
- 用户较依赖手机记录数据，同时对记录的要求较高。
- 异地出发去参加或观看马拉松，对预定的酒店位置要求很高，但是就主办方来说，没有提供相关便利的服务，需要用户花时间查找并对比。
- 异地参赛对于交通需求较高，异地用户除了旅游的目的，需要针对时间做紧凑的安排，这时需要有合理的行程规划，相应地对票务的服务会有一定的需求。

3. 用户访谈

生态圈中的每个个体都有自己的明确定位和不同特征，在生态圈中所产生的需求也不尽相同，为了更好地理解马拉松这个生态圈中存在的各种需求，我们选取了7位马拉松用户进行访谈，其中男性用户 4 名、女性用户 3 名，囊括了资深、爱好、入门三种级别，对应不同的参与体验，例如本地、异地参赛，训练营组织者，初学者等。访谈目的一是为了验证观察的部分结果并解答疑惑，二是了解用户一些潜在的习惯和需求。不同用户访谈的问题，会根据其回答情况进行不同的调整，同时，不同的用户由于专业水平不同，会有不同程度的回答结果。主线问题如下。

（1）"描述您参加过的马拉松比赛里，最满意的一届以及满意的地方？"——用于获取用户最直观的比赛体验。

（2）"日常跑步是否结伴？有特别的要求吗？"——用于获取用户最直接的日常跑步体验和需求。

（3）"日常获取马拉松相关信息的途径？"——用于考察用户的信息来源以及路径。

（4）"参与马拉松比赛的过程中有没有遇到相关困难？"——用于收集用户的服务体验和痛点。

（5）"如何看待成绩以及成绩发放方式？"——一是对用户参赛目的的考察，二是对成绩发放形式的看法收集。

（6）"常用的跑步 App 有哪些？看法是什么？"——可以获得用户对现阶段跑步应用的一般需求和看法。

相关访谈结果总结如下。

用户对于日常的跑步环境要求较高，关注点集中在人流量、空气和场地上。

专业程度和携带物品成正比，越是专业的用户，对随身携带物品的要求会越高。专业程度高的用户，会利用手机、手表等进行个人数据的记录，同时为了应对身体状态的调整，会携带相应食物、更换的衣服等物品。用户 05："跑步完成后要有相应的身体素质练习。"用户 06："带个小腰包，带个 MP3，腰包里放十块钱和钥匙，再戴个普通的电子表、普通快干衣，我也不需要买水，会自己调一些饮品喝，钱是用于跑完后可以去吃早餐。"用户对于所参与赛事的组织服务大体持满意态度。

用户在几个服务节点上表达了"人多，排队等待时间长"的观点，这几个服务节点包括会场进入、装备领取、成绩领取等。事实上，有用户表达了"服务质量与参与人数有关"的观点，用户 06："深马人数少，容易提高服务质量。广马人数也较少，所以服务质量也就提高了。北马如厕困难，就是因为人太多了，广马和深马就不会了，流动厕所也够用，补给也就充分了。深马一路只有香蕉，但也很多，够大伙吃了。厦马人太多，组委会管不了，所以大伙只能自己找吃的。"

用户大多比较看重作为完赛证明的成绩单，主要用于纪念，同时由于主办方不同，发放的形式也会有差异，不同参赛人员的服务感知结果也就形成差异。用户 04："那次 10km没有成绩，特别希望有成绩单，最重要的还是留作纪念吧。"

在接受访谈的用户里，用户几乎使用过同一款软件，即"咕咚跑步"。

用户部分表达了报名的问题，主要是名额有限，需要提前进行抢报，另外有用户是通过组团报名成功的。

用户喜欢向好友分享自己的跑步照片以及跑步数据记录，这是一种个人被尊重和认可的需求的表达渠道。

4. 问卷调查

用户访谈在生态圈中抽取的对象范围相对狭窄，信息量小。为了获得对马拉松生态圈服务需求更为全面的认识，我们继而采用了问卷调查的方法。

问卷调查通过定量分析的方式，对用户参与马拉松过程中的服务需求以及行为习惯进行统计研究，主要希望获得用户对马拉松赛事服务流程的满意度、参与比赛的需求、行为特点等信息。

本次调查问卷共回收有效问卷 171 份，其中男性 138 人，女性 33 人，比例大概为 4：1，符合马拉松赛这类体育运动男女参赛者的常规比例。为了保证问卷质量，这次选取的用户基本来自马拉松爱好者以及参赛者，且年龄分布合理，其中 19～25 岁的偏学生群体占据 25.73%，25～30 岁的年轻群体占据 26.9%，而 30 岁以上的中年人士则占据 46.2%。

问卷总共设置 20 道问题，并根据用户答案，设计了部分逻辑跳转。问卷的组成主要包括四个部分：日常的跑步习惯、马拉松服务体验、App 功能打分、个人信息。

第一部分主要是了解用户作为跑者的日常习惯，了解在比赛外的时间中主要的活动区域和行为爱好，从而对用户的需求有初步提炼；第二部分主要是了解参与过马拉松比赛的用户，对于马拉松提供的一般性服务的满意度情况，同时对是否参与马拉松进行一个筛选；第三部分则主要提出初步的服务设计的功能，并考察用户的兴趣程度，从而为下一步的设计做一个基本的参考。

以下选取问卷里涉及的几个核心问题以及统计结果进行简要的说明。

（1）用户质量的可靠性。

对"您日常的跑步频率"和"您参加过多少次城市马拉松比赛"两道题目进行交叉分析，如下表。

	Q5:从没参加过	Q5:1次	Q5:2-3次	Q5:3次以上	受访总人数
Q1:基本不跑	0.0% 0	75.0% 6	25.0% 2	0.0% 0	8
Q1:每天都跑	30.77% 8	23.08% 6	19.23% 5	26.92% 7	26
Q1:每周跑几次	20.37% 22	25.93% 28	25.0% 27	28.7% 31	108
Q1:每月跑几次	0.0% 0	55.56% 5	33.33% 3	11.11% 1	9
Q1:没有规律	45.0% 9	15.0% 3	25.0% 5	15.0% 3	20
受访总人数	39	48	42	42	171

交叉分析

可以看到，在参与问卷调查的用户里，没有人同时占据"从没参加过"和"基本不跑"，这保证了研究的对象有跑步的经验以及参赛的经历，而"从没参加过"的用户有39人，占整个样本容量较小的部分。因此认为可以从该问卷里获取到有用的数据。

（2）您在跑步的时候一般会携带以下哪些物品？

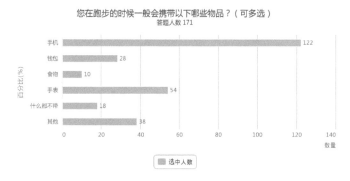

用户携带物品分布

由该统计结果可以看到，手机为大部分用户在跑步过程中所使用，而在选其他选项的用户里，根据用户自行填写的答案，大多为零钱、纸巾或毛巾、钥匙等物品，由此可以看出，用户在日常跑步的过程里，存在消费的需要，而钥匙、钱包作为重要的个人物品，涉及安全方面的考虑，如何为跑步用户提供放心、安全的跑步环境也可作为之后服务设计的一个重要的考虑角度。

总结整个问卷的调查结果，可以大致得到如下几个结论。

- 现阶段用户对于马拉松赛事提供服务的满意度总体较高，这也是因为马拉松在国内的发展有了一定时间，各地方赛事相互借鉴学习和吸取经验，相关服务水平已达到一定的标准。
- 参与马拉松的用户无论是日常生活还是参赛过程，都一定程度依赖手机，并作为记录的工具加以利用，包括个人跑步数据、照片等。
- 用户接收信息更多地依赖新媒体。
- 用户在衡量赛事水平的指标里，赛事提供的服务以及赛事的环境是用户首要考虑的两项。

5. 总结

用户在参与马拉松的整个生态里，可以划分为日常生活和正式比赛两大部分。这两大部分实际是在循环交替地进行，用户经过日常的参与转化到比赛的参与，两者具有很高的关联性。在这个过程里，用户会产生不同的需求，对应到不同的流程中去。

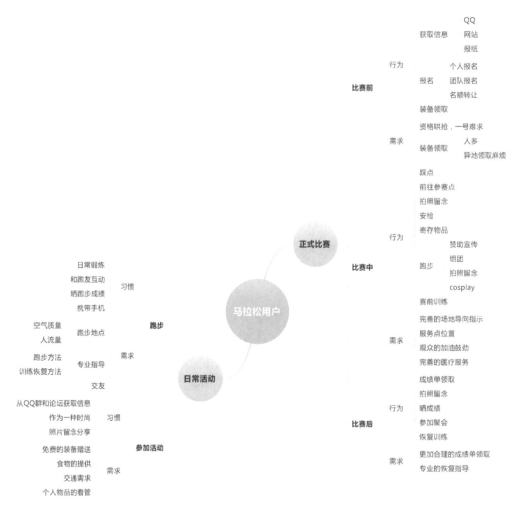

用户需求和习惯

基于生态圈的服务流程设计

基于马拉松整个生态圈得出的用户研究结果为我们的概念建模和功能模块设计打下了很好的基础。

1. 服务蓝图

根据实际观察的结果,在马拉松正式比赛中,参赛用户的服务流程是高度一致的,而在比赛前、比赛后的服务流程会因为本地和异地的原因造成差别。而在日常生活的维度里,用户在参与不同的活动时需求不一样,寻求和享受到的服务也会存在细微的差别。我们可以将比赛前的时间划分为从获取信息到报名成功,比赛中的时间划分为从出发到冲过终点,比赛后时间为休整到离开。这三个时间段实际上是可以连接到一起的,由于流程过多,故分开进行描述,同时也为了更细致地区分其中不同的服务。

服务蓝图图例

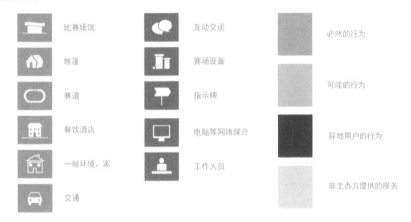

服务蓝图图例

比赛中高度一致的服务蓝图

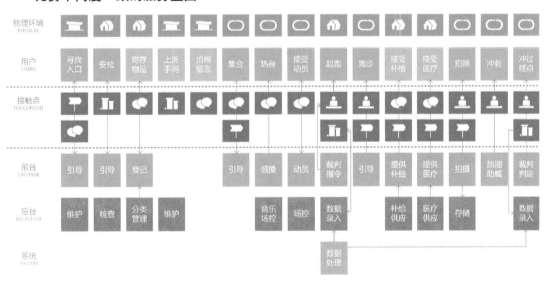

比赛中的服务蓝图

比赛前服务蓝图

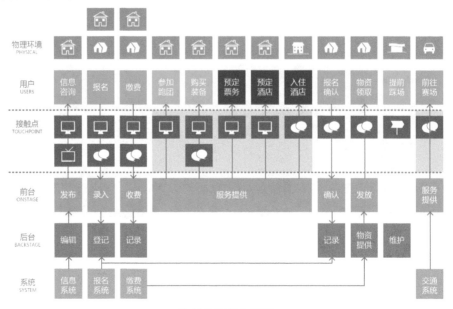

比赛前的服务蓝图

比赛后服务蓝图

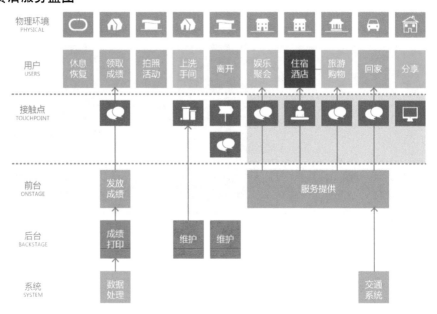

比赛后的服务蓝图

日常生活-跑步服务蓝图

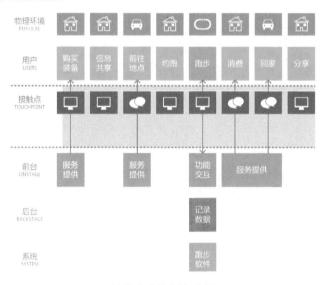

日常跑步的服务蓝图

日常生活-参加活动服务蓝图

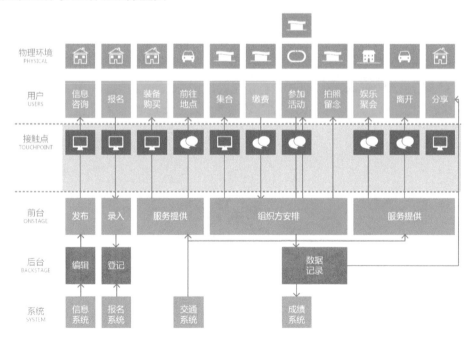

参加活动的服务蓝图

由以上不同阶段的服务蓝图可以看到其中存在不足的地方。

- 接触点过多并烦琐，缺乏统一性。过多的接触点可能会造成人力资源的过度消耗，提高人力成本或资金成本。
- 现阶段主办方提供的服务大多集中在比赛观点，且以比赛为限，脱离比赛的其他附加或后续服务，并没有进行统一的管理和规划，用户需要花费精力去向主办方以外的参与者寻求服务。
- 缺乏更多的数据处理系统，从而使得许多信息或服务不能统一集中地处理或提供。

基于此，本研究提出在接触点的成员中加入服务型的移动应用，通过移动应用来带动数据的收集，通过后台处理，加以利用并服务用户；通过移动应用替代现阶段大部分接触点，接替其工作，从而大大提供效率，也使得对信息的处理更加合理；通过移动应用来增加服务的趣味性，增强用户的黏度。

2．功能设计

在对本产品进行功能设计之前，我们先对现有的国内外马拉松移动应用进行了功能层面的对比分析，得出的结果如下图所示。

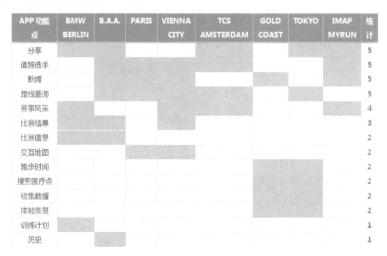

APP功能点	BMW BERLIN	B.A.A.	PARIS	VIENNA CITY	TCS AMSTERDAM	GOLD COAST	TOKYO	IMAP MYRUN	统计
分享									5
追踪选手									5
新闻									5
路线查询									5
赛事风采									4
比赛结果									3
比赛信息									2
交互地图									2
跑步时间									2
搜索医疗点									2
收集数据									2
体能恢复									2
训练计划									1
历史									1

国外已有应用功能总结

由图中可以看到，常用的功能多集中在信息的发布与查询几个方面，另外许多具体的服务功能，如训练、数据分析等很少应用，而且是为体育用品商冠名所有。许多相关的产业没有应用和关联，数据的挖掘和分析也缺乏对应的功能。各个赛事之间不存在联系，缺乏大范围的信息统一整合与处理。许多应用更像是对赛事信息的集中处理，用软件的方式实现官网的功能。

另外值得注意的是，在国内马拉松生态圈里，目前仅有北京马拉松赛进行了相关的应用服务尝试，但是功能极其简陋，许多用户需求的功能无法实现。综上所述，针对国内用户的马拉松赛事服务，移动应用仍然缺乏优秀的代表。

由此，提出的初步功能构想如下图所示。

基于马拉松生态与服务分析的功能设想

3. 人物角色与场景

基于功能设想的提出，我们通过提出场景剧本来模拟、构建各类型用户在马拉松生态圈中特定情境下的具体行为。

马拉松赛事服务用户角色

1) 第一类人物角色：入门新手型

<table>
<tr><td rowspan="6"></td><td>李洋</td></tr>
<tr><td>年龄：22 岁</td></tr>
<tr><td>职业：大四在读学生</td></tr>
<tr><td>居住地：深圳</td></tr>
<tr><td>基本状况：偏瘦，缺乏锻炼，喜欢玩手机，刚接触马拉松不久</td></tr>
</table>

- 抱着好奇的心理参加了 2013 年首届深圳马拉松赛。
- 感受到了举办方良好的赛事服务。
- 在群体参与的过程里体会到了马拉松的乐趣，受到感染，激发了参与马拉松的热情。
- 渴望获取更多的马拉松相关知识，结交更多跑马的好友。
- 希望通过跑马锻炼身体，提高健康水平。

2）第二类人物角色：爱好活跃型

小墨

年龄：30 岁

职业：教师

居住地：珠海

基本状况：热情开朗，待人随和，参与过较多的马拉松赛事

- 典型的马拉松爱好者，参与不同的跑马群体。
- 经常跑步，对跑步环境和装备有较高的要求，随身会携带较多物品，随时记录个人数据。
- 喜欢在参加赛事时穿上角色扮演的服装，和他人分享快乐。
- 经常参加民间组织的各项活动，乐于和跑友分享个人跑步经历和经验。
- 喜欢和高手交流，在参加比赛时会科学跑步，不断提升个人成绩。
- 已经不太注重个人的成绩证明，但是很希望有不同的纪念方式。

3）第三类人物角色：资深用户型

阿伟

年龄：27 岁

职业：体育教练

居住地：广州

基本情况：体校毕业，有专业的训练知识，热爱跑马，参加过多次比赛，并有较好的成绩

- 典型的专业用户，擅长跑马的训练、提高方法。
- 加入了某个民间跑马组织，并拥有管理权限，专门负责组织的训练营活动，为其他成员提供专业的辅导。
- 对跑马已经形成自己独立的见解，希望大家不要追求成绩，身体健康和顺利完赛是最大的成功。
- 注重跑马的环境和装备，随身携带专业的物品。
- 觉得跑马最重要的是气氛，观众的热情可以大大增加赛事的乐趣。

马拉松用户的任务场景

1）李洋的任务场景

- 参加完马拉松后，李洋结交了许多热爱马拉松的好友，并彼此留下了 QQ、微信等联系方式。

- 李洋通过跑友的介绍，加入了一个民间的跑马组织，并在里面认识了更多的人，她在 QQ 交流群里向各位前辈提问各种跑马的知识，包括个人的自身素质提高、跑马装备的选择。但是由于时间差异的关系，她的许多问题并没有得到很及时的回答。
- 周五晚上李洋希望约群里的好友一起跑步，但是可能由于时间的原因，很多人没有在线，所以最终没有找到跑友。
- 在跑步的过程里，李洋发现她家附近人流过多、空气浑浊，并不适宜跑步，她希望能够找到更好的跑步地点。
- 李洋跑完步后，通过手机软件获得了自己的跑步数据，觉得很兴奋，马上通过 QQ 群进行分享，结果由于说话的人太多，她的分享很快被覆盖了。

2）小墨的任务场景

- 提前获知了厦门马拉松的报名时间，于是守在计算机前抢到了报名资格。
- 由于厦马的举办时间和上班时间冲突，跑完比赛就得马上赶回家，他只好仔细研究网上各个时间段的车票，匹配好了时间再最终订票。
- 由于对厦门不熟悉，他先上网用谷歌地图查找到比赛场地的具体地点，再对周边的酒店进行查找，为了能早点赶往会场，他还需要挑选就近的酒店。网上推荐的酒店过多，让他无所适从。
- 他提前前往厦门进行报名确认并领取装备，在寻找领取地点时由于交通原因周转了很长的路，而且排了很久的队才领取成功。
- 晚上他提前前往场地踩点，以防第二天找不到入口和集合点等。
- 第二天他起得很早，碰巧找到一位同行的跑友，于是拼车赶往会场。
- 由于时间尚早，现场光线不足，再加上人流过多，现场的路标指示没有发挥太多的作用，他们通过志愿者的指点，好不容易找到物品寄存处，然后又排了很久的队上厕所，随着人流到达了出发点。
- 起跑之前，小墨由于今天进行了超人的角色扮演，所以吸引了很多人的目光，许多人请求和他合影，他一一满足了他们的需求，他觉得十分开心。
- 开始出发后，小墨由于担心主办方提供的定位芯片出错，所以打开了自己带来的手机进行数据记录，并不时在赛道上拍照留念。
- 他一心追赶着前方的梯队，但还是渐渐落后，他很想知道自己与前方队伍的差距和现在他所在的位置。
- 他一路奔跑，最终顺利完赛，冲刺的时候，他觉得自己万众瞩目，个人满足感非常高。
- 拿到寄存物品后，前去领取成绩时，又排了很久的队，最后匆匆返回珠海。

3）阿伟的任务场景

- 应组织方的要求，周末组织跑友进行训练营活动，阿伟担任这次活动的教练，并通过 QQ 群、群邮件和微信向跑友发送通知。

- 阿伟记录每个人的报名情况，由于人太多，忙到很晚才整理完毕。
- 周末阿伟如约到达体育场，但是由于很多人是第一次参加，不知道具体方位，纷纷打电话向他咨询。
- 人员到达后，阿伟热心教导跑友，传授各种专业知识。有跑友希望参加活动，赞助商有商品赠送。

设计阶段：马拉松赛事应用及服务设计

我们根据前面对马拉松生态圈调查研究得出的结果来指导接下来的设计流程。

1. 信息架构

我们最终确定的该移动应用信息架构如下图所示。

移动应用信息架构

　　马拉松赛事服务移动应用主要由五大模块构成，其中参赛模块作为触发式应用设置。这是由于目前全国各地举办的马拉松赛事过多，且信息更新不一，所以初步希望根据用户参与的实际情况，提供额外的信息服务包进行下载，参赛模块会在用户实际参赛当天为用户开启并进行应用服务。

　　由信息架构图可以看到，具体功能的方框标注了相同颜色具有关联性，这部分数据和信息将实现共享，从而打通了用户在各个需求模块或者在参与各个服务流程时的信息接收和应用渠道。

2．原型设计

原型设计主要从跑步训练系统、赛事信息服务系统、社交系统、数据收集与展示系统四个方面着手。

- 跑步训练系统

应用的主要功能以 TAB 的形式在底部进行切换。四个功能分别是：开始跑步、比赛日历、我的好友、个人信息。其中跑步训练系统旨在通过后台系统的数据分析，使得用户在参加正式比赛之前能够得到科学有效的训练。

- 赛事信息服务系统

赛事信息服务系统主要是通过为用户重新组织赛事各项信息，通过服务流程的形式展现给用户。用户通过步骤式的交互，接收系统提供和发布的各种信息。用户在这个过程中能够高效地进行处理，从而免去许多不必要的步骤，节省了更多的时间，得到了流畅的参赛服务体验。

- 数据收集与展示系统

用户在日常跑步时的数据记录以及参加比赛的最终成绩都会被系统收集和分析，作为系统为用户提供其他服务的大数据分析基础。

- 社交系统

马拉松移动服务应用加入了部分社交功能，用于增加用户之间的联系，使得用户之间形成更多的群体。

3．可用性测试

界面可用性测试通过用户对手机原型进行操作来完成，对用户遇到的问题和困难进行记录。

跑步操作测试和任务流程测试通过问卷打分来进行评价，采用了 5 分制的量表形式，对 6 名用户评分取平均值，达到 3 分即表示基本满足用户对可用性的要求。

通过问卷可以看出界面原型基本符合功能设定，且较充分地满足了用户的需求；整个应用逻辑较清晰，操作流程顺畅，符合实际生活中跑步时的使用情况。不足的地方在于某些功能在层级的设计上过深，在后续的设计上可以进行优化；在原型上应该体现更多友好的反馈。

4．界面设计

马拉松移动服务应用作为一款帮助用户训练并顺利参与比赛的软件，在进行设计时对软件整体风格定位为健康、简约，以代表自然、健康的绿色为主色调，辅以其他生动的色彩丰富的功能表达。

开始界面和记录界面

10.2　问答类网站设计指南

新学期要开始了，新生陆续到校，对陌生的校园有着很多不了解的地方，可是又找不到师兄师姐咨询，而热心的师兄师姐们也不知道如何施以援手。这时候我们可以建设一个校园问答类网站，来帮助这些可爱的师弟师妹们。

问答类网站社交性与架构要素研究

经过一番浏览，选择了以下四个网站作为参考对象：维基百科、Google Answer、Yahoo Answer、Quora。由于目标是搭建一个校园问答类网站，为学生提供一个交流服务的平台，所以在分析这些网站的架构要素后还要着重对这些网站的社交性进行探讨。

1. 问答类网站答案导向的社交性探讨

不同的问答类网站使用不同的方式体现社交性。从宏观与微观两个层面对维基百科、Google Answer、Yahoo Answer 和 Quora 的社交性应用进行了对比。宏观是从网站定位、网站用户群、网站信息源、相关资源四个角度进行对比分析；微观是从网站社交元素设计出发。

● 宏观社交性探讨

各网站宏观社交性对比分析

	网站定位	用户群	网站信息源	相关资源	优劣势
维基百科	在线百科全书；权威、专业化信息收录	所有用户；偏向领域专家用户	官方编辑发布；所有用户发布；条目内引申	专业文献	权威，结构化；编辑技术门槛高，问答行为过于单一
Google Answer	开放式问答；付费、权威、高质量信息搜索	提问人群面向所有用户；回答人群偏向领域专家	官方编辑人员发布；所有用户发布	Google 用户群；Google 搜索引擎资源	权威、专业、效率高、针对性强；提问成本高、用户人群小
Yahoo Answer	开放式问答；免费、投票式答案筛选	所有用户	所有用户发布	Yahoo 搜索引擎资源	门槛低，所有用户都可提问和回答；答案质量和准确率低
Quora	开放式问答；实名制社交环境；权威、专业、深度知识交流平台	实名制用户；领域专业人员	所有用户发布	社交网络：Facebook、Twitter等实名用户关系；Wikipedia	知识信息质量更具保障，虚拟奖励机制更健全；是以用户为核心，还是以问题为核心的发展策略

四个网站各具优劣势。从宏观社交性的角度来看，实名制能够很好地保证问答内容的权威性和准确度，但是从另一个角度抑制了网站用户的增长速度，所以这个平衡需要根据不同网站的特点以及定位去进行适当取舍。

● 微观社交性探讨

微观社交性主要从网站设计角度，罗列出这四个不同网站在体现答案导向的社交性设计元素。

维基百科

（1）再编辑。维基百科为所有用户提供再编辑功能，并且可以查看以往修改记录，实现了众人堆塔的理想。

阅读　编辑　查看历史　搜索 🔍

维基百科的编辑和查看历史

2）评分。维基百科通过评分来体现当前条目的信息准确性、专业性、可信度、客观性、完整性、可读性。

维基百科的评分机制

Google Answers

（1）交易式提问。通过设定 2～200 美元不等的报酬来提出问题，并规定答案提交时间，提高答案质量和效率。

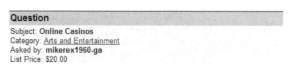

Google Answers 交易式提问

（2）评分。对答案内容进行评分，并支付金额以完成用户间的信息有偿交换。

Google Answers 答案评分（另加 1 美元小费）

Yahoo Answers

（1）丰富的用户信息卡。不论提问者还是回答者，都可以显示该用户的分数、等级、最优答案率、回答问题总数等，以提高用户在答案导向中的可信度。

Yahoo Answers 用户信息卡

（2）再操作。有丰富的交互操作，如添加兴趣、发送邮件、保存到自己的问题 List、My Yahoo 等。

Yahoo Answers 附加操作

（3）社交平台分享，分享该问题到 Facebook、Twitter、Linkedin、Google+等，延伸了问题的流向，让更多相关的或感兴趣的用户有机会回答。

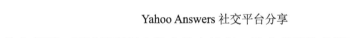

Yahoo Answers 社交平台分享

（4）答案投票，通过投票提高答案的支持率，赞成或不赞成都可以表达态度，也可以对垃圾信息进行举报。

Yahoo Answers 答案投票

Quora

（1）投票、反对、评论、分享其他平台和修改其他用户回答，所有用户都可对提问者和回答者的内容进行修改和编辑，每次修改会彼此通知并记录版本。

Quora 单条回答内容

（2）当前问题的状态、其他用户对该问题的行为状态，可以让用户间建立新的知识圈好友关系。

Quora 的问题状态

（3）用户实名信息，包括姓名、教育背景、工作背景、职业信息、个人简介等，都可以帮助其他用户了解该用户的具体情况，提高其他用户对该用户提出的问题和答案的信任度。

Quora 用户主页

2. 问答类网站架构要素研究

从知识搜索类网站的社交性跳出来，你需要从更为宏观的网站信息架构角度来分析该类网站的组织特点。

在以维基百科、Google Answers、Yahoo Answers 和 Quora 作为主要分析对象，整理其架构模式时，可以总结出一个架构模式的并集，该并集中每一种信息组织模式并不是单独存在的，在不同网站中，会有所取舍。

知识搜索类网站架构要素

内容组织层

（1）内容分类系统。这是最常见也是最有效的内容组织方式之一，通过类别划分，将信息系统性地组织在一起，通过分类索引有序地浏览和查看所需内容。维基百科、Google Answers、Yahoo Answers 和 Quora 都采用了这种组织方式。

（2）标签系统。标签系统提供了问题提出时，进行关键词精确定位的方式，不仅可以帮助用户更精确地查找搜索关键字内容，同时提高了该问题在其他搜索引擎中被爬虫搜索到的概率。Quora 支持所有用户提问时编辑标签与浏览时修改问题的标签以及个人身份标签，维基百科本身就是标签的集合，每一个条目中所包含的二次链接就是标签的另一种表现形式。国内外的大量研究表明，大多用户想使用少量的自然语言表达形式接近的检索词[25-28]，而准确的标签系统可以帮助用户间信息精准定位。

（3）相关推荐系统。该系统根据不同的推荐算法，对当前所提问题、所浏览问题的相关内容进行索引和推荐，一方面提高了不同问题信息的互联性，另一方面也提供了更多的相关参考信息，这样既保证了信息流传播的渗透性，又提高了答案获取结果的质量。Yahoo Answers 提供了相关类别的问题浏览与回答，而 Quora 根据问题题目的关键词和标签信息的匹配，提供更精准的相关问题推荐。

信息交互层

（1）社交系统。该系统应用可大可小，但是随着社交生态圈的发展和完善，还是具备很大的应用价值。加入社交因素的问答网站使问答真正形成交互行为，而且不仅限于问答的来回，社交化将信息从独立的两个人引申到所有互联网用户，将信息流导向更多可能。而向用户推荐同个社交平台内好友的好友，可以更有效地扩展用户的好友列表[29]。

（2）搜索系统。搜索作为最基本的信息交互方式，可以对其定义的操作方式有很多，根据网站本身内容组织方式的不同，搜索行为可以定位到不同内容：搜问题、搜答案、搜话题、搜组织、搜用户等。Yahoo Answers 和 Quora 都提供了问题以及用户的搜索功能，增加了搜索结果的导向性。

（3）评分系统。该评分系统是指用户对问题答案的正确性、权威性等做出的等级评价，旨在为其他用户提供参考。同样，通过交互式方式改变着答案信息本身的质量。维基百科通过评分机制来提交该问题的各个维度的评论。

用户管理层

（1）用户信息系统，用户管理自己的基本信息，或者定义自己的网站使用偏好等，通过偏好设置，帮助网站更好地提供准确性更高的服务内容，减少垃圾信息的推送，提高用户的使用体验。Quora 通过设置感兴趣的领域，系统会不定期地推送该领域的热门问题和答案给用户。

（2）积分系统，虚拟奖励系统的设计，帮助网站提高用户黏度、用户提问和回答问题的积极性，以及问题答案的质量和权威性。Yahoo Answers 和 Quora 通过积分系统，帮助其他用户判断某位用户回答问题的优秀率，提高答案获取的可信度。

（3）知识库系统，用户可以通过知识库系统管理、查看自己以往的问答记录，并可以合理地管理自己的知识组织结构，可以清晰地展示出用户的知识范围。

用户知识搜索行为研究

在对此类问答类网站有了一个总体特征的认识后，需要更加深入地了解用户，对他们的知识搜索行为进行调查研究。

1. 问卷调查研究

为此，我们制定了一份问卷。这份问卷应该包含两个部分：门户网站与专业化网站的特点差异、知识搜索行为的特点及行为偏好。第一部分想要了解现在众多专业化网站的出现，对用户获取信息的途径和方式有什么样的直接影响，以及他们对两种网站的心理认识；第二部分希望从知识搜索平台、搜索方式、搜索过程、搜索结果等方面得到他们在知识搜索获取过程中的行为偏好。

把问卷拟好后，通过各种社交渠道把问卷派发出去，并对收集得来的问卷采用定量分析的方式，对每个问题及其统计结果都应该进行思考分析，附上简洁的说明。

例如在问卷中列出的问题：当您遇到问题可以在网络上解决时，您通常优先怎么做？

这个问题是在统计用户当前使用互联网进行知识搜索时使用的工具。答案主要分为搜索引擎、问答平台、即时聊天工具。搜索引擎和问答平台是需要进行简单对比说明的两个应用平台，而即时聊天工具是想知道用户是否会通过及时在线沟通与好友进行信息交换。

统计结果见下图。

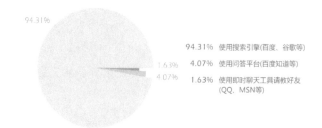

94.31% 使用搜索引擎(百度、谷歌等)
4.07% 使用问答平台(百度知道等)
1.63% 使用即时聊天工具请教好友(QQ、MSN等)

用户首先使用的知识搜索平台或工具

由该问题的统计结果，结合问卷中的关于选择使用搜索引擎与问答平台原因的统计，可以推论出：用户在遇见知识问题时，首先想到的是搜索引擎，"使用习惯"这一因素占到所有因素中的近 70%，除此之外，"搜索速度快、效率高"也是用户选择使用搜索引擎的主要原因；使用问答平台提问的用户就少了很多，仅占 4%，具体原因的研究安排在下阶段的访谈中进行。

从收集到的问卷调研结果来看，得出了以下几个结论点：

- 门户网站与垂直化网站并存应用，且垂直化网站特点鲜明；
- 搜索引擎仍为知识搜索行为首选工具，使用习惯为主要原因；
- 对搜索结果持保留态度，仅供参考，需要结合更多信息；
- 问答类网站使用时，主动性不强；
- 对有兴趣的内容会整理收藏，进行自我知识管理，并愿意分享传播。

2. 认知地图深度访谈

光是问卷调查是不够的，还可以使用深度访谈的方法，对不同类型的典型用户进行深度访谈。访谈的主要内容是关于用户进行知识搜索行为的特点，通过访谈来探究这一类型用户行为特点背后的动机，可以为之后的用户角色模型建立做准备。

在深度访谈的过程中，可以要求用户回忆平常知识搜索行为的步骤、流程、困难以及如何解决该困难等一系列相关问题，目的是为了让用户通过描述，来绘制自己知识搜索过程中的认知地图。

核心访谈问题

访谈选择了 10 位用户，其中 3 位进行了简单访谈，7 位进行了深度访谈；在这 10 位用户中，7 位为高校在读研究生，剩下 3 位为知乎活跃用户。

不同用户访问的问题，会根据其回答情况进行不同的调整，但是主线问题如下。

（1）"您使用搜索引擎或使用问答网站的原因是？"——了解用户对不同平台使用偏好的定性原因，并获取用户对其特点的定位。

（2）"相比较 Baidu 和 Google 这类搜索引擎，什么问题您会选择直接搜索，什么问题您会在知乎里搜索或提问？"——是否因为内容的不同而影响知识搜索平台或者工具的选择。

（3）"您在使用问答网站的时候，回答、浏览、提问的数量比例大约是多少？"——了解用户在使用问答网站时的主要行为，是以主动探索提问为主，还是被动浏览为主，以及其背后的原因。

（4）"对收到的或者自己找到的答案，您持什么态度？完全采纳，还是由于答案不具权威性，所以仅供自己参考？还会做什么更深的知识挖掘？"——对问卷中提到答案准确性及权威性的判断依据、采纳与否的意愿进行了解。

（5）"如果在互联网上搜索不到结果，您会采用什么方式继续进行知识查找行为？结果如何？"——了解用户是否会在互联网信息获取行为中遇到困难的时候，转向其他方式。

（6）"您在回答别人问题时，是对问题感兴趣？非常了解该问题所涉及内容？还是存在其他动机？"——希望得到用户回答问题这一行为背后的动机。

（7）"不管通过什么方式获得的结果，您会再整理成文章分享到互联网或自己收藏吗？"——了解用户在知识搜索行为结束后的其他相关行为。

用户行为认知地图

将对不同用户在访谈过程中绘制出的不同认知地图进行整理和综合，绘制出了一张完整的用户知识搜索行为认知地图。

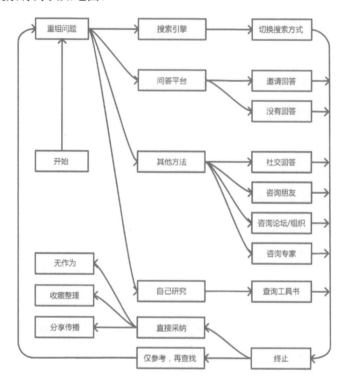

用户知识搜索行为认知地图

（说明：该图为调研用户的行为总和，其中每一个地图节点为用户在不同阶段的行为分支，连接行为节点的是时间线，该数量结果由问卷采样数与参加访谈的 10 人共 143 人组成。）

图中用户的行为路径大致可以分为三个时间阶段：准备问题阶段、查找答案阶段、结束问答阶段。

- 准备问题阶段，用户会根据问题本身，将问题进行分解、替换、重组、再分解的循环，并应用到下一阶段。

- 查找答案阶段，从统计数据来看，使用搜索引擎的人数依然占多数，然而在搜索过程中，根据搜索关键词的不同，会根据情况切换不同的搜索引擎，例如中文信息使用百度、外文信息使用谷歌或者必应等；问答平台，多数用户不会作为获取答案的首选工具，因为多数情况并没法得到其他用户的回复，不过被访谈用户都表示，在问答平台获得的答案更专业、更有条理。对于该类网站的活跃用户而言，不仅在上面提问，而且会邀请网站中其他用户来回答自己的问题；在前面两种方式都不顺利的情况下，用户会尝试选择其他方法，其中大多数用户会征求相关专业的好友意见，另一种方式是进行社交问答，即使用例如 Tweeter、Facebook、微博等提问，也有用户选择搜索所问问题专业领域论坛、组织、群组，去提问，少数用户会直接通过线下与专家交流来获取答案；另外有些用户不会花费太久的时间和精力在搜索问题答案上，而是选择自己研究、解决问题，并且基本选择从该专业图书入手去研究。
- 结束问答阶段，从统计结果可以看出，对于不管通过什么方式获得的答案结果，大多数人持保留态度，需要再去搜索、查找更多的信息以辅助理解和筛选，所以会回到准备问题阶段，重组问题并选择合适的平台或工具进行查找；对于已经认可采纳的答案，根据问题结果的保留价值与意义大小，选择收藏、分享或者不作为。

造成行为差异的关键因素

访谈还可解了用户在知识搜索行为过程中工具平台选择、问答交互、信息处理、信息传播等不同行为背后的原因与动机，总结出造成行为差异的几个关键因素。

影响用户精确答案定位的五个因素

3. 用户群模型建立

由于在互联网环境下，知识搜索行为不再是独立的个体行为，群体意识在其中扮演着非常重要的角色，你需要选择建立用户群模型。

通过用户调研工作，可以将问答类网站的用户类型大致分为 3 类人群：随意浏览型、目标明确型、积极交流型。

用户类型

随意浏览型用户群角色	
用户群 A：	关键差异：
随意浏览型	<ul><li>目的性弱</li><li>用户容易流失</li></ul>
用户群描述：	
随意浏览型用户群，主要是为了发掘有意思的问题与答案，在网站内较随意地点击各个感兴趣的链接，在网站停留的时间较久，期间获取的信息量很大，会对自己了解或者感兴趣的信息进行再处理，例如分享、收藏、简短评论，较少有非常系统详细的回答。这类用户目标性不强，可能在网站的不同模块页面中都有浏览行为，属于网站的普通用户	
用户群目标：	商业目标：
<ul><li>获取未知信息</li><li>认识行业佼佼者</li><li>打发时间</li></ul>	<ul><li>提供相关链接，延长用户使用周期</li><li>提供相关用户推荐，强化社交圈建立</li><li>提供优质内容信息，增强内容权威</li></ul>
属性特点（主要）	属性特点（次要）
<ul><li>时间充裕</li><li>点击行为多于输入</li><li>极有兴趣的内容会有更多行为</li></ul>	<ul><li>身份多为学生、办公室白领</li><li>有一个或多个感兴趣的领域</li></ul>
目标明确型用户群角色	
用户群 B：	关键差异：
目标明确型	<ul><li>目的性强</li><li>停留时间短</li><li>用户来源、涵盖面广</li></ul>
用户群描述：	
此用户群在访问网站之前，头脑中已经有非常明确的知识搜索对象。一般会选择通过搜索栏搜索相关关键字，然后在结果中筛选自己想要的信息内容，这样的搜索行为大部分由搜索引擎开始，搜索引擎将用户带领到问答网站来；如果搜索未果，用户会自己提出新的问题，并且希望能尽快获取到问题的回复。不管通过什么方式获取到问题的结果，倘若是对自己或他人非常有用，值得保存，则会选择分享到其他社交平台，或者自己收藏，方便再浏览	
用户群目标：	商业目标：
<ul><li>快速获取高质量答案信息</li><li>对极有价值信息进行保留，便于分享和再阅读</li></ul>	<ul><li>提供精准答案内容</li><li>提高回答效率，加快信息流动</li><li>提供多个交流平台，扩大信息传播面</li></ul>

（续）

用户群 B：	关键差异：
属性特点（主要）	属性特点（次要）
<ul><li>对相关内容很感兴趣</li><li>对效率要求高</li><li>会二次提问</li></ul>	<ul><li>社交应用广泛</li><li>强求知欲，和较强的搜索能力</li></ul>
积极交流型用户群角色	
用户群 C：	关键差异：
积极交流型	<ul><li>使用黏度强</li><li>接受信息面广</li><li>用户身份具有一定权威性</li></ul>
用户群描述：	
这类用户会对问答类网站产生一种依赖，认为问答类网站是非常便利的知识信息获取平台，除了广泛浏览内容以外，还会对自己所擅长领域的问题，进行详细分析和回答，以满足自己问答过程中的成就感，提高自己在网站中回答问题的权威性和曝光度。由于是自己经过仔细分析回答的问题，这类用户一般会通过分享等方式，将该条信息进行传播	
用户群目标：	商业目标：
<ul><li>最大化获取知识信息</li><li>通过回答问题，得到自我满足</li><li>成为网站热门用户</li></ul>	<ul><li>提供高质量内容，满足其内容需求</li><li>提供问题点评，使问题得到深入探讨</li><li>提供多重用户推荐形式，延伸用户在网站内的社交圈</li></ul>
属性特点（主要）	属性特点（次要）
<ul><li>某个领域专家、学者、行业带头人</li><li>较强的组织能力、文字编辑能力</li><li>社交圈很广</li></ul>	<ul><li>喜欢进行深度讨论</li><li>在任何社交平台上都很活跃</li></ul>

4．基于场景的用户行为脚本提纲设定

同样是针对用户群而言，通过场景描述，可以描述出用户群间相互协作行为，很重要的一点是找出用户的需求点。在前文总结的三个用户群角色基础上，你将继续采用用户群A、B、C 代表这三类用户群，用 A1、A2，…，以此类推代表该类用户群个体。三个主要场景也是围绕用户知识搜索行为的三个主要阶段进行的。

1）查找既定目标

B1 周末要工作面试，经验较少的他希望从互联网上得到些帮助。在搜索引擎里找到很多，多数都是泛泛而谈，针对性不强。有一条链接连到了问答网站，B1 大概浏览了问题和回答，发现其中有一个评论用户刚好和自己同行业，就特意留意了该用户的讨论内容，确实有些帮助。他看到这个问题用了"面试"、"技巧"、"服务行业"三个话题标签，他尝试更换"服务行业"为自己的"建筑行业"，进行搜索，找到的结果虽然不多，但是针对性很

强，为了更深入地交流，他回复了该评论，并加该用户为好友。

C1 谈完新施工项目，上网休息，查看自己在问答网站的新通知，自己以往的留言得到更多转发，回答有更多的人表示认可，很满足。浏览评论时，有一条是以前自己评论关于面试技巧的问题，当时只是描述了自己作为建筑公司项目经理对员工的需求。用户 B1 希望有更多针对性强的建议，想到自己好朋友 A1 是自己公司的 HR，于是他邀请 A1 帮助回答这个问题，之后又去看别的问题了。

A1 在面试新的景观设计师，手机收到问答网站发来的一封邮件，网站说有新通知。面试结束后他去电脑查邮件，去网站看详情，原来是好朋友 C1 邀请自己回答关于面试技巧的问题，A1 针对 B1 的问题，进行了简单回复，并给出了自己公司网站链接，表示欢迎应聘。

需求点：

- 话题标签定位问题；
- 多层评论；
- 认可答案内容；
- 邀请回答；
- 允许回复时进行复杂编辑。

2）提出新问题

B2 在练习吉他时，谱子里一个小节有太多符点和技巧，不知道怎么弹，这个问题太特殊，他希望有人能给他演示一遍。B2 去到问答网站，把这小节谱子拍下来，提出新问题，定义了"音乐"、"吉他"、"演奏"、"节奏"、"技巧"的话题标签，因着急想知道答案，就设置了邀请，邀请网站中定义自己是吉他手的用户，表示如果能上传演示视频，愿意提供一定虚拟奖励。在问题提出没到半小时，果然有人回答了，虽然视频不是自己上传的，但是通过文字介绍把其中符点节奏的问题解释清楚了。B2 对这个回答给了赞，继续练琴。练琴的时候，网站新通知说有新回复，看到有不少回答，其中有一个用户自己上传了示范视频，并且给出了这首歌演奏者表演的视频。B2 对答案非常满意，不仅按约定给了奖励，还收藏了该回答，并且通过微博分享给自己的琴友，分享知识所得。

C2 在琴行边算账，一边看着问答网站好友推荐的吉他演奏视频。看到网站刷新了一个新问题，关于八分之六拍多符点节奏和吉他点弦演奏技巧，对他而言，问题所涉及的技巧并不难。稍微练习，就拿身边电脑的摄像头拍下来并上传，他记得这段旋律出自 Tommy Emmanuel 的一首歌，他很容易找到了这首歌的演奏视频，在回复的时候，把视频地址也附带上了。没想到提问者 B2 不仅加自己为好友，还给了奖励，不错，C2 继续算账。

A2 在问答网站上找钢琴谱，看到"待解决"问题中，有一个关于节奏型的问题，虽然不是钢琴琴谱，但是还算容易。A2 试着用自己的语言解释了这个节奏型的敲打办法，最后也说明了自己并不弹吉他，帮不了更多。

需求点：

- 允许提问、回答时进行复杂编辑；
- 设置虚拟奖励；
- 收藏分享；
- 定义话题标签；
- 邀请回答；
- 认可答案内容；
- 自动刷新信息；
- 待解决问题。

3）发现新好友

C3 在浏览问答网站个人页面的时候，看到网站帮自己统计了最近 1 个月来最关心的话题 UKULELE，并根据这个话题推荐了有相关标签的用户 B3。C3 去浏览 B3 个人页面的时候，看到 B3 同样也是一名交互设计师，于是很有好感，加为好友，查看 B3 的好友圈时，发现了与 B3 相似的用户 B4、A3，都加为自己的好友。

B3 在搜索关于 UKULELE 发展历史的时候，看到有人用 UKULELE 作为个人标签，于是他也设置了 UKULELE 的标签。他通过搜索 UKULELE，找到了很多相关话题、问题、答案和用户，这些用户里有专业 UKULELE 培训老师 C4，加完好友以后，系统还推荐了几个类似用户。这时系统推送新通知说有新粉丝，查看发现是 C3 通过搜索话题 UKULELE 找到自己，并添加为好友的，浏览过 C3 个人主页后，发现都是设计师，而且都是 UKULELE 新手，接受了申请。

需求点：

- 统计建立个人知识历史；
- 推荐相关标签用户；
- 个人标签；
- 搜索话题、问题、答案和用户。

3. 设计需求整理

1）模块设计

在对用户需求总结的基础上，我们对这类知识搜索类网站提出了 6 个主要的功能模块："搜索"、"问答管理"、"社交共享"、"个人管理"、"积分管理"、"好友管理"。

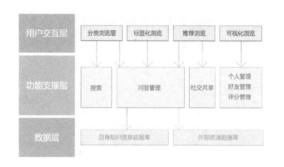

知识搜索类网站功能模块设计

说明：针对知识类搜索网站的应用、定位和用户群的不同，每个功能模块是可以进行增减的，且不同模块中的功能点可进行适当调整。但这 6 个模块比较完整地整合了内容组织形式、信息交互方式、社交化应用三个问答类网站基本架构模式，所以可以作为网站架构设计的参考。

2）流程框架设计

绘制服务蓝图是必不可少的一步，需要描述用户在知识搜索行为中，与网站系统进行的各种交互、不同交互所面对的服务接触点，以及不同时期、用户和周围信息资源的关系。

服务蓝图主要绘制用户完成知识搜索行为的三个主要阶段：动机计划、体验和分享。

	动机，计划 Planning			体验 Experiencing				分享延长体验 Sharing & Prolonging	
1 服务接触点 Touch Point	产生意识	登录注册 选择搜索方式		编辑问题，拍照、录音等	查看相关知识信息	通过网站得到结果	反馈结果	与好友交流	
2 用户行为 User Behavior	主动思考，从外界获取新信息	浏览相关问题		在网站提问或回答	查看相关问题	交换信息获得结果并评论	评价结果分享	好友引申新问题	交换意见 完善知识信息 建立在线知识库
3 后台交互 Backstage Interaction	源自印刷物等媒体的信息、自发思考	依用户使用偏好推送xi悬管知识信息		分类或标签化精确定位问题	智能推送相关问题	合理的评价评论体系，结合外部数据库帮助选择和分享结果		线上线下信息交流	更新滚只是数据给其他用户 智能分析并整理知识库
4 第三方参与 Third-party	各种印刷物、媒体信息来源，如图书馆、书库等			在线知识库、WIKIPEDIA等，富媒体格式内容提供来源网站等				即时通讯平台	

知识搜索类网站服务蓝图设计

说明：以上提出的这个应用在知识搜索类网站上的服务蓝图设计，主要依据用户的知识搜索行为以及互联网应用中社交性对知识信息传递所带来的好处，是非常概括和总领性的归纳和总结。而在具体网站设计时，根据网站的定位和具体用户群的不同，并不一定需要完全遵照这个流程进行，例如，网站本身强调知识内容的绝对权威性，那么答案来源也许更多的是专业性文献的整理和搜集。同样，倘若网站定位和该蓝图中所提到的一些接触点以及第三方相关，那可以以某一个点出发去延伸网站特性设计，例如图书馆的在线知识搜索系统，完全可以将问题答案与图书馆馆藏书目的信息进行结合应用，体现出不同接触点和第三方支持的特殊性。

校园社交型问答网站设计

经过前面一系列的充足准备，终于可以开始设计自己的校园社交型问答网站了。

1. 信息架构

为该网站绘制的信息架构图如下。

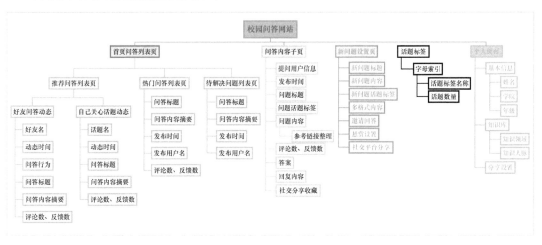

校园问答网站信息架构

2. 答案导向的社交性设计

在这里可以给一些提示。

提示 1：利用关键字标签精确定位用户和问题。

标签化使用高度概括的关键词，极具内容指向性地描述信息内容，将其用在用户身份、喜好和所提问题范围定义上，不仅方便系统进行索引和统计、归类、整理，也为其他用户在浏览、判断和接收信息时提供便利。

1）用户身份标签

除了可以直接使用一句话来做自我介绍，也可以使用限定字数的关键词来定义自己的身份。你设计时，希望用户将关键词定义方式作为首选，除了提供相关关键词推荐，在确定关键词后，还可以根据关键词去查找相似用户。

标签定义与应用原型图如下。

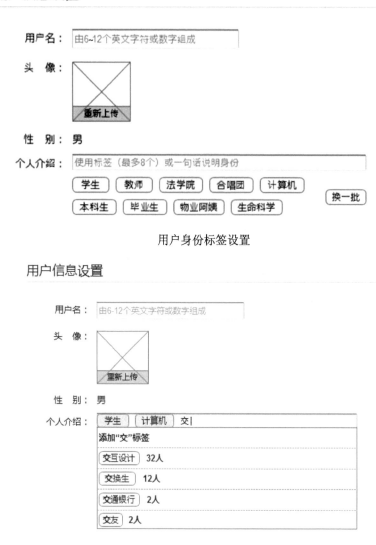

用户身份标签设置

用户自己输入时，输入框自动填充

2）用户喜好标签

只提供关键词标签设置，除了显式的几个标签推荐，当用户发现没有感兴趣的标签时，直接在输入框输入，系统会自动填充，以帮助用户选择。同样在确定兴趣关键词后，用户可以通过关键词查找相似用户，并且用户可以接收系统载入的与用户兴趣关键词相关问题的信息。

用户喜好标签与应用原型图如下。

用户喜好标签设置

用户自己输入时，输入框自动填充

3）问题设置标签

该问题标签是让用户在提问时设置其所对应的话题类型，可以自己重新定义，也可以通过输入时系统自动填充来选择，系统会整理并归类所有标签，让提问者通过关键词定义，高度概括问题所针对的内容；同时帮助系统将所提问题推送给对应话题分类。

新问题标签设置原型图如下。

新问题

问题：	图书馆开馆时间是几点到几点？

问题详情：如题，是否有夏季和冬季，周内和周末区别呢？
求指教~

B *I* U 66 <> 三三 三三 Σ 🖼 ▶

设置话题标签： 图书馆 东校区 时间

添加"时间"话题

时间胶囊 12人

时间简史 2人

新问题标签设置

提示 2：不同页面内容推荐差异化处理

内容推荐出现在首页以及问题子页面两类页面。

首页中，将问题内容列表分为"全部"、"热门问题"、"好友动态"、"与我相关"、"待解决问题"几类。根据其优先级与用户关心度，将"待解决问题"单独划分出来，作为次要内容，其他类型为主要浏览内容，同样权重，切换浏览。

首页问答内容推荐原型图如下。

首页问答内容推荐

　　问题子页面中，推荐内容优先级降低，是在用户浏览当前页面问题以外的内容扩展，这里面包括了"相关热门"、"相关待解决问题"、"相关校园资源"三项内容，且无明确优先级。

　　问题子页面内容推荐原型图如下。

问题子页面内容推荐

提示 3：搜索系统设计

本校园问答网站搜索引擎主要帮助用户查找问题、话题和用户。

1）搜索问题

　　搜索引擎提供用户网站内资源，若用户不满足本站提供的搜索结果，网站同时提供校外搜索引擎跳转，例如百度、谷歌、Wiki 百科，以及校内其他信息网站的跳转，例如本校搜索引擎、图书馆等。

　　除了搜索引擎，网站还会以字母索引的方式帮助用户过滤关心的话题或用户。

　　搜索结果页原型图如下。

搜索结果页原型

2）搜索用户

搜索用户，通过输入词语，匹配用户名，除了显示用户结果，还会对网站的活跃用户进行推荐。

主要原型图如下。

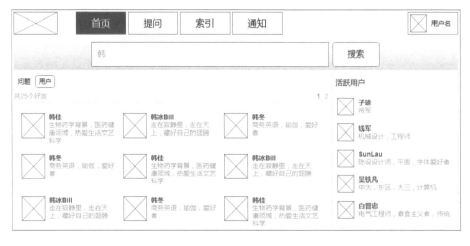

搜索用户结果

3）索引

由于本网站将问题、用户都通过标签式的关键词定义来梳理，所以这部分数据会非常庞大，通过适当的字母索引或者标签热度排序，快速地让用户自己定位查看话题和用户标签分布。

话题索引

3．启发式评估测试

启发式评估记录表如下。

位置	问题	优先级	截图	修改
首页	找不到个人主页入口，缺少操作提示	高	用户名	使用图标或在色块中使用箭头说明有更多信息
	用户名和身份标签样式一样，区分不明显	高	SunLau 陈设计师，平面，字体爱好者 / 吴铁凡 中大，东区，大三，计算机	身份标签字体大小、颜色、粗细等予以区分
问题子页面	问题列表项与恢复样式无明显差别	低	为什么从 2013 年开始，360 浏览器的市场份额下跌了很多？	通过增加问题列表项和答案项之间间距或答案项字体颜色区别
	回复编辑框操作并不常用，视觉负担	中	B I U 66 <> ≔ ⊟ Σ 🖼 ▶	默认隐藏该编辑栏，提供显示编辑栏的按钮
	对答案"赞""踩"操作提示不明显，认为只是状态显示	中	234　37 赞　踩	把文字格式改成按钮样式，或通过图标表示
搜索结果页	搜索结果数量提示没有搜索关键词提示	中	图书馆 / 问题 用户 / 共37条记录	提示文字改成"共 37 条与'图书馆'相关的记录"

（续）

位置	问题	优先级	截图	修改
	搜索结果数量提示没有搜索关键词提示，且搜"用户"而不是"好友"	高	 韩 问题 用户 共25个好友	提示文字改成"共 25 条与'韩'相关的用户"
	话题标签的样式（上图）与其他页面的样式结构（下图）不同	中	 图书馆 电子书 中大 图书馆 电子书 中大的图书资源十分的丰富，购买了挺多外文书 2013-3-22 20 35 徐强（信科院，研二，厨师） 你觉得有哪些技能，经过较短巨大的帮助？ 生活 校园 举几个例子： • 盲打 学习了之后，用电脑做笔记速度飞快 • 番茄工作法 让自己真正有效率地学习 继续阅读 >> 分享 | 评论(32) | 收藏	统一将话题标签布局在问题 title 下
标签索引	点击更多展开其他标签，但收起操作麻烦	高	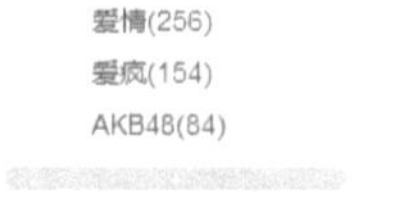 爱情(256) 爱疯(154) AKB48(84)	通过点击字母进行展开和收起，且字母不随页面滚动而滚动，或固定收起按钮
个人主页	没有时间范围筛选控件	高	 搜索该用户提问或回答	添加时间范围选择器
	"知识分布"与"人脉分布"操作行为略微单一；图标内数字所指不明确	中	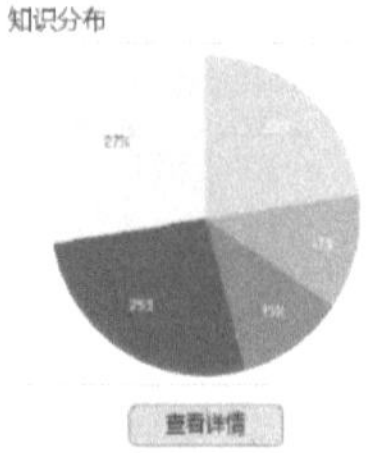 知识分布 查看详情	可以提供更多分享操作，用图标形式表现即可；在数字旁边添加所指内容，或当鼠标 Hover 在扇形区域上时，显示所指内容
	问题项目没有话题标签	高	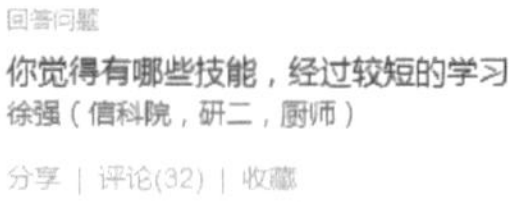 回答问题 你觉得有哪些技能，经过较短的学习 徐强（信科院，研二，厨师） 分享 | 评论(32) | 收藏	在问题 title 下增加话题标签
知识分布	走势图信息量多，无法放大查看	中	 走势图 年 月 周 2012年12月25日 回答9个问题 2012 2013 7月 —— 回答 —— 提问 —— 收藏	可以提供放大操作，或者通过将线条变成按钮作为筛选方式

（续）

位置	问题	优先级	截图	修改
人脉分布	不明白"换一批"按钮的用处	高	最多交流　最少交流　标签重合度高　换一批	将"换一批"按钮与其他按钮分开，用"↻"按钮代表

4．界面设计

问答类网站以信息内容为主，所以在进行设计时，对整体风格定位于简约、纯色、亲切。以高明亮度的浅蓝色为主色调，在用户焦点所在处，或鼠标停留处，颜色变成高明亮度的补色红色。

页面取色分布

首页效果图

个人主页效果图

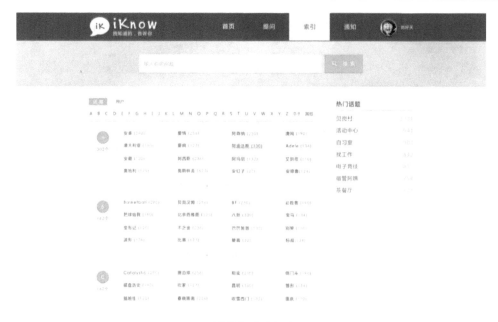

话题索引列表页

10.3　企业网站设计项目

市场调查与设计研究——竞品分析

在网站设计初期，项目组成员便开始搜集同类网站以便进行分析比较。

搜集得到的部分网站

　　项目组对搜集得到的同类网站进行了筛选，从中挑出优秀、有启发价值的网站，组织讨论会进行竞品分析。

　　在进行竞品分析之前，项目组成员都完整体验过那些网站、感受用户心理，在体验过程中记录相关反馈以及网站中的"闪光点"，只有这样才能正确评估同类网站。在讨论过程中，项目组成员主要就同类网站的视觉风格、框架布局、个性特点、信息的展示形式等方面展开了探索分析，并总结出相关的可借鉴经验。

　　例：对同类网站在页面布局、信息展示方式上的分析归纳如下。

有一栏以图片形式展现重点产品系列，居于页面中间位置，醒目

　　项目组成员就网站的界面风格、外观特点也展开了分析讨论。

如：同类网站的界面普遍比较简单整洁，追求外观上的舒适感；

同类网站页面的主色调以蓝白色的比例最高。

……

项目组成员不只对同类产品的网站进行了收集分析，还针对某些特定的交互细节对一些展现形式优秀的网站进行参考、学习，如对其他新颖有趣的导航方式的参考。

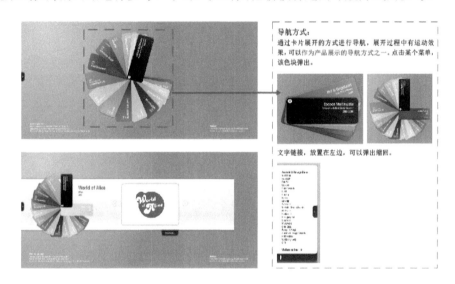

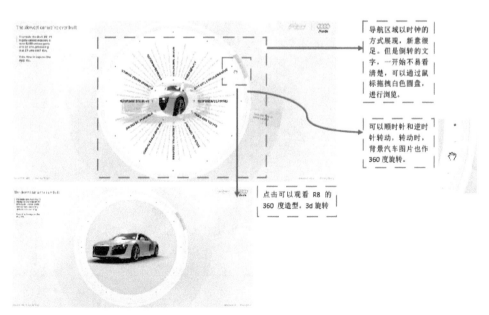

总结：

竞品分析通过对同类产品的分析解构，从各个分析维度上进行类比归纳或得出单一结论，用以了解市场上现有产品的相关信息，使设计和研发人员更好地把握产品方向和发展趋势，站在巨人的肩膀上可以更好地设计和完善产品。

用户研究——问卷调查

问卷设计：

问题类型 Type of question	用户类型 Type of user				目的 Goal	映射至界面 Interface refletion
	房地产商 Realtors	系统集成商 SI	高收入人群 high-income groups	政府官员 government official		
开放型问题 Open question	贵公司希望通过网站达到什么目标？ 贵公司希望在不同用户心里是怎样的形象？ 请描述一下您印象中典型的客户特征（概括）。 请回想您印象最深刻的一个客户，他们具有什么特征或者说过什么话语让您印象深刻？（举例）				用户总体特征	整体风格
导入型问题 Engaged question	1. 跟您沟通的是他们本人吗？还是秘书？他们的年龄、学科背景、交流方式通常是怎样的？ 2. 他们一开始怎么知道你们的服务与产品？合作方式通常是怎样的	1. 跟您沟通的是他们本人吗？还是秘书？他们的年龄、职业背景、交流方式通常是怎样的？ 2. 他们一开始怎么知道你们的服务与产品？合作方式通常是怎样的	1. 在维修过程中，跟您沟通的是男主人，还是女主人？保姆或其他人？他们的特征是怎样的？（他的年龄、职业、居住环境、生活习惯） 2. 客户是怎么知道你们的服务与产品？他们认为通过朋友介绍、网上、普通广告还是其他方式比较可靠？	1.跟您沟通的是什么级别的政府官员？请描述一下他的总体特征。 2.他们之前听说过你们的服务与产品吗？通常是通过什么方式得知？展销会？交易会？还是其他	用户细致特征，进行用户细分	是否需要个性化页面，例如公司介绍的风格和产品展示
过渡型问题 Transitional problem	1.当客户一开始接触你们的服务与产品时，他们第一印象认为服务与产品是什么产品		1. 当客户一开始接触你们的服务与产品时，他们第一印象认为你们的服务与产品是什么产品？能给他们的生活带来什么不同	1.当他们第一次听到你们的服务与产品时认为服务与产品是什么？ 2.听完你们的介绍后他们对你们的企业有什么评价	用户的观点和态度	信息的优先级，信息关联，页面跳转

（续）

问题类型 Type of question	用户类型 Type of user				目的 Goal	映射至界面 Interface refletion
	房地产商 Realtors	系统集成商 SI	高收入人群 high-income groups	政府官员 government official		
关键型问题 Important question	1．回想一下，客户最常问的关于你们的服务与产品的问题是哪些？价格？稳定性？还是其他？ 2．通常维修是哪些原因？（客户处理不当？产品稳定性？） 3．客户会不会在场？他们提出什么意见或者建议？ 4．回想一下客户有没有提出在哪些地方增加什么设备？ 5．在你们介绍的时候，客户会对怎样的表现方式感兴趣？三维实体模型演示？虚拟的广告片？还是纸质的宣传册？ 7．他们希望看到你们的服务和产品的哪些功能效果？希望看到服务的整个流程或者产品的整体效果，还是产品的单一效果			1．在你们介绍的时候，客户会对怎样的表现方式感兴趣？三维实体模型演示？虚拟的广告片？纸质的宣传册？ 2．他们希望看到服务和产品的哪些功能效果？ 3．他们通常关心你们公司哪方面信息	用户的需求和目标	信息的优先级，信息关联，页面跳转
	最后是什么因素促使他们购买？给楼盘增加卖点？让楼盘价格提升？还是成交量增加	最后是什么因素促使他们购买	哪些因素最后促使客户决定买你们的服务与产品？ 给了他们安全感？享受家庭娱乐？房子太大,买了方便			
	讨论展示方式					
结束型问题 Ending question	请问还有没有什么补充的？ 是否有您想说又没有机会说的内容					

根据不同的用户类型列出问题清单（List of question according to different user type）。

最终问卷

高收入人群问卷调查。

1． 您使用互联网的频率

A． 每天　　　　B． 每周 3～4 天　　C． 每周 1～2 天　　D． 每月少于 4 天

2． 您平均每日使用互联网的时间

A． 1～2 小时　　B． 3～4 小时　　　C． 5～6 小时　　　D． 6 小时以上

3． 您初次与我们网站接触的方式是什么

A． 互联网　　　B． 报刊/杂志　　　C． 传单/海报　　　D． 电视

E． 朋友介绍　　F． 商店　　　　　E． 其他 _____

4. 您对智能家居的理解程度

A. 熟知   B. 有一定了解   C. 听说过   D. 不了解

5. 您希望在网站上面可以获取哪些信息

A. 企业文化   B. 产品信息（型号，价格等）

C. 服务/技术支持   D. 解决方案

E. 相关新闻   F. 联系方式

G. 招聘信息   H. 其他 _____

6. 您认为网站起到什么作用

A. 了解产品信息   B. 了解智能家居的行业动态

C. 了解服务/技术支持   D. 了解企业

E. 其他 _____

7. 什么会促使您访问网站

A. 购买相关产品   B. 了解行业动态

C. 了解企业   D. 寻求解决方案

E. 联系   F. 其他 _____

8. 您一般通过什么途径了解智能家居的信息

A. 通过经常访问的网站的友情链接   B. 通过相关杂志报刊

C. 通过相关展会和宣传单   D. 通过业内伙伴、朋友介绍

E. 通过客户代表介绍   F. 通过搜索引擎（如 Google、百度等）

G. 其他 _____

9. 您认为网站内容哪方面的特性是最重要的

A. 内容的丰富程度   B. 内容的实效性

C. 内容的吸引性   D. 内容的针对性

10. 如果你想购买智能家居产品，你会通过什么途径

A. 联系厂商（如拨打客服热线等）   B. 联系当地代理商

C. 通过房地产商（或装修工程师）联系   D. 通过对这方面熟悉的朋友联系

E. 其他 _____

11. 如果你想了解产品的信息，你希望从怎样的分类方式入手

A. 系列分类   B. 系统分类

C. 功能分类   D. 适合户型分类

E. 其他 _____

12. 对于智能家居产品，哪些是你关注的方面

A. 功能   B. 品牌的可信度   C. 使用的难易程度

D. 其他用户的评价   E. 售后服务   F. 其他 _____

13. 初次接触的原因是什么，如果已购买了产品，都买了什么

_____

_____

14. 您知道其他同行业的品牌或网站吗，你对它们有什么看法

_____

_____

15. 您的年龄　_____
16. 您的最高受教育程度
A. 高中　　　　　B. 大专　　　　　C. 本科　　　　　D. 硕士
E. 博士　　　　　F. 其他 _____
17. 您所从事的行业 _____
18. 简单描述您的性格

_____

19. 简单描述您的生活习惯/爱好

_____

用户正在做问卷

商业模型与概念设计

1. 卡片分类

参与人员： 我方（网站设计者和开发者）、客户

具体流程

● 准备

由于目标网站的信息量较大，我方在卡片分类开始之前便先经过详细讨论，拟定了网站的初级框架——确定主导航条的个数，并把主导航条的名称标识出来，同时还创建了二级菜单；以方便客户（代表目标用户意愿）明确当前网站的主要框架。

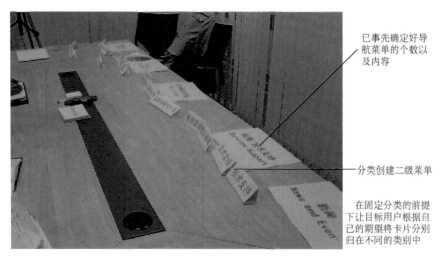

已事先确定好导航菜单的个数以及内容

分类创建二级菜单

在固定分类的前提下让目标用户根据自己的期望将卡片分别归在不同的类别中

- 卡片准备

除了已经标记好的卡片，设计人员还准备了充足的空白卡片（便利贴），方便参与人员随时添加内容。

卡片上的标签命名应尽量简短，但同时须保证卡片的信息内容能被所有参与者理解。必要时，可在卡片上标注一段简短的描述来解释标签。

- 执行过程

首先，我方向客户方解释了"卡片分类"的方法和要求——桌面上有一些卡片代表了网站的内容和功能，请根据自己的直觉将卡片放入不同的分组之中；当然，如果你觉得少了些什么，你也可以拿起一张空白的卡片自行添加；如果你觉得卡片上的标签不是那么易于理解，你也可以拿起笔对它进行修改。请不要受到其他参与人员的影响。

在接下来的测试过程中，我方与客户的所有在场人员都保证确实参与到测试中去，并有机会提供反馈。如果其中一名参与者试图"接管"进程对他人进行选择上的引导，在旁的测试协助人员都会对其进行轻声提醒。

- 第一轮卡片分类

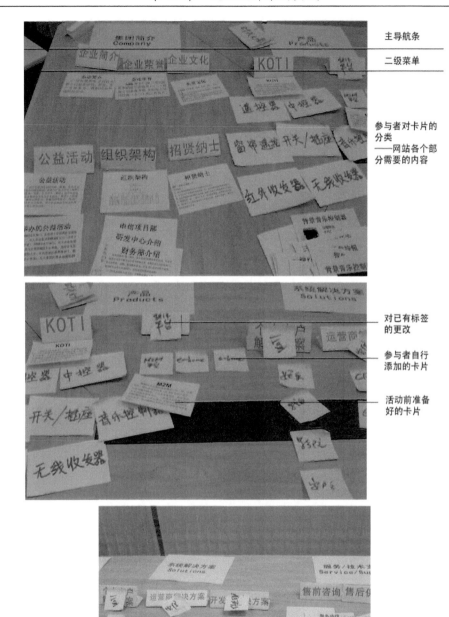

参与者可在卡片上对标签进行简短的注释

第一轮卡片分类结果

经过第一轮卡片分类，我们已经可以初步得出网站的具体框架。

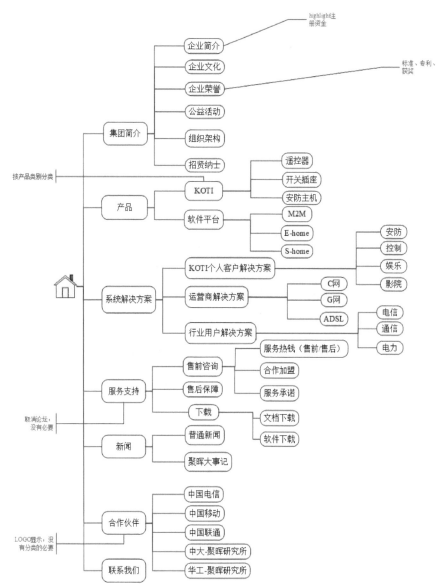

经过一轮的卡片分类，所有参与人员的精神和体力都有了一定程度的消耗，须稍作休息才能进行第二轮卡片分类；同时在休息的过程中，参与人员可以对刚刚的分类结果进行消化与反思，梳理好自己的想法，为下一轮卡片分类做准备。

● 第二轮卡片分类

经过第一轮卡片分类之后，我们将共同、没有异议的卡片收走，即网站框架内该部分的内容已经可以基本确定。在此基础上，我们对剩余的卡片进行再一次审视、补充、修改、整理，特别是细节化的进一步处理；并对新产生的子群进行标签命名。

在这一轮卡片分类中，参与人员之间被允许大声公开地讨论，通过收集这些讨论和对对方的质疑，我们可以更好地揣测用户心理——不同的用户群之间有没有什么相似点？用户之间的需求有什么不同？同时也可以思考该标签命名是否正确，卡片有无摆错位置？

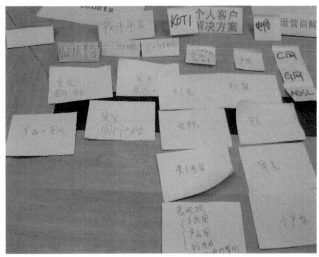

第二轮卡片分类结果

第二轮卡片分类对第一轮卡片分类得出的网站框架结构进行了一定的调整，将用户真正需要的内容保留了下来，并在内容上进行了更加细致深入的分类。

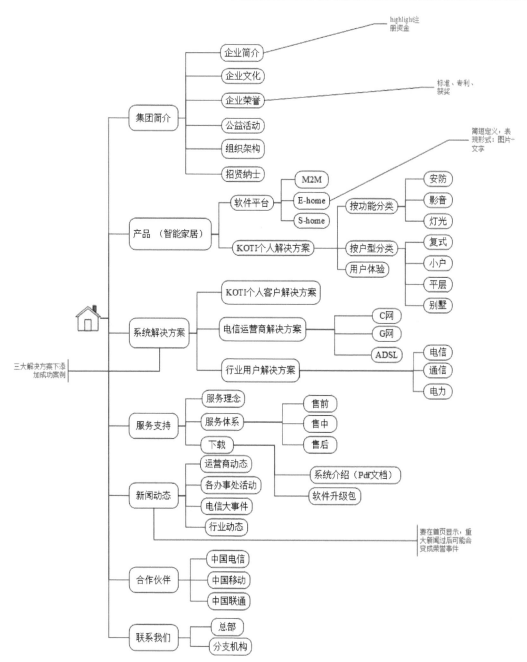

● 第三轮卡片分类

这是本次测试中的最后一轮卡片分类。然而，第三轮卡片分类并非只是对第二轮卡片分类的继续细化，而是应该对整个框架的重新审视，要注重对二级菜单的调整，需要更多地考虑网站各部分内容的表现形式。我们应专注于用户目标和用户行为，而不仅仅只是在内容上。

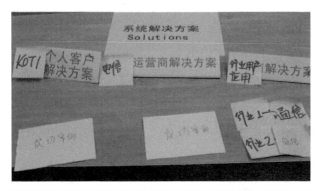

- 第三轮卡片分类结果

这一轮卡片分类结果很好地表现了对用户需求的理解与解决。

总结与反馈

通过卡片分类，我们得到了网站信息的整体架构草图，深入意识到网站用户真正需要的是什么，在设计导航、菜单以及分类上得到了极大的帮助。我们最终的目的是让网站变得简单易用。

2．词汇定义

网站设置的关键词肯定是要跟网站内容高度相关的，应该精准且具有针对性。该公司是一家专注于研究智慧生活领域的产品服务、以智慧生活产品的研发及运营服务为主业的大型高科技公司，它的核心产品和业务即是智能家居，它的网站核心内容就是推广该公司的智能家居产品。

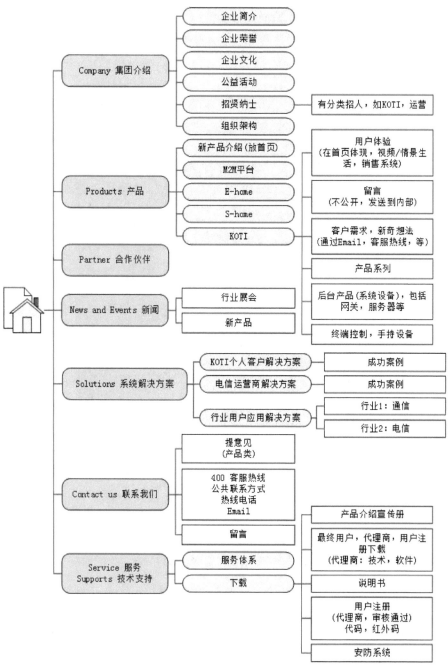

　　我们初步可以明确该网站的关键词应该有"智能家居"或者是跟"智能家居"高度相关的词汇。

　　当然，按照个人观点确定的关键词并不一定符合用户习惯，对于同一个搜索目的，用户可能会用各种不同的词汇来形容搜索内容；从用户的角度出发，我们可以借助一些调查、数据统计和一些关键词发掘工具来帮助我们选择和分析关键词。

　　因此我们先通过百度词条搜索、收集、罗列了大量与"智能家居"同义或相关的词条以及所属的开放分类。

　　关于"智能家居"在 Baidu 词条里面找到的同义词：

　　智能小区　远程监控　家居智能　家庭自动化　楼宇控制　楼宇智能化。

　　相关词条：

　　楼宇自控　楼宇弱电工程　智能工程　智能化小区　家庭自动化　远程监控　楼宇自动化家居智能化　楼宇智能化　智能小区　一卡通。

　　开放分类：

　　装修，系统集成，弱电，智能建筑，智能小区①。

　　为了更深入地获悉目标用户的习惯，除了对"智能家居"进行词义上的多方搜索，还应了解知道"智能家居"通常在什么情况下会被用户作为搜索内容。

　　在"Baidu 知道"里，与"智能家居"关联出现的搭配词语包括（以项目时间为准）：

　　"别墅"、"系统"、"产品"、"公司"、"专业"。

　　它们搭配出现的相关问题如下。

与**"智能家居 公司"**相关的问题：

- 扬州有做智能家居的公司吗？[公司]
- 奉化有哪些做智能家居比较好的公司？[公司]
- 西安智能家居，哪个公司比较好 [公司 西安]
- 西安哪有智能家居公啊？我要开发。[公司 西安]
- 南京有没有致力于智能家居的公司？[公司]

与**"智能家居 产品"**相关的问题：

- 我现在想经销智能家居产品，但市场还很空白，该怎么把这个高… [产品]
- 安徽毫州有卖智能家居产品的吗？住房有吗？[产品]
- 智能家居产品的报价 [产品]
- 你见过把音响系统当智能家居产品买的人吗 [系统 产品]
- 有没有可用短信遥控控制的智能家居产品 [产品]

与**"智能家居 系统"**相关的问题：

- 青岛谁家作最顶级的智能家居系统 [系统]
- 智能家居系统 [系统]
- 在上海市场上智能家居系统顶级品牌 [系统]
- 怎么开展智能家居系统的 客户开发工作 [系统]
- 智能家居系统是什么 [系统]

与**"别墅"**相关的问题：

- 我刚刚买来的别墅，需要做智能家居，地点在温州啊
- 我刚刚买来的别墅，需要做智能家居，地点在杭州啊啊啊啊
- 刚刚买来的别墅，需要做智能家居
- 我想在浙江装修一套智能家居别墅
- 想在广州装修一套智能家居别墅

与**"专业"**相关的问题：

- 苏州哪有专业做智能家居的公司 [公司]
- 郑州有没有专业做智能家居的公司 [公司]
- 洛阳有没有专业搞智能家居的？想问问装修智布线的事情？
- 寻求吉林省智能家居专业公司网站，最好是长春的 [公司]

---

① http://baike.baidu.com/view/37089.htm?fr=topic

而对于英语的关键词，我们通过 Google Adwords 进行追踪处理。

smart home 的同义词包含：

automation， control， smart home programme， smarthome。

出现频率较高的搭配：

smart homes， china + smart home， home smart， devices + smart home， smart home + technology， smart home + design， smart home + devices ，smart home automation + server， smart home technology + control。

添加链接：

ge smart home(链接)， china x10 smart home system （链接）[①]。

对于关键词的选择，我们需要对搜索结果进行综合竞争程度、平均搜索量、广告排名等方面的考虑。因为网络上主题相同的网站非常多，用户搜索一个相同的主题使用的关键词却可能含义相同而字不同，在选择网站关键词时应该尽量选择搜索量多而竞争度小的关键词。这也是为了在搜索引擎中搜索相关的关键词时获得较高的排名。

例：

关键字	估算广告排名	广告客户竞争程度	大致搜索量：12 月	大致平均搜索量
智能家居	9	0.93	40 500	27 100
智能 家居 系统	9	0	3600	3600
智能 家居 产品	5	0	4400	1900
家居 智能化	0	0	1300	1300
智能 家居 控制	5	0	1300	1300
智能 家居 设计	0	0	1600	720
智能 家居 公司	2	0	-1	720
智能 家居 有限 公司	2	0	-1	140
智能 家居 集成	2	0	-1	46
智能 家居 装修	2	0	-1	46
智能 家居 用品	2	0	-1	25
智能 家居 杂志	2	0	-1	22
智能 家居 生活	2	0	-1	-1
现代 智能 家居	2	0	-1	-1
家居	2	0.93	1 220 000	1 000 000
家居 饰品	2	0	135 000	90 500

---

① Webmaster toolkit，http://www.seochat.com/seo-tools/keyword-optimizer/， http://tools.seobook.com/keyword-tools/seobook/#work，文件 seobook-export.scv

（续）

关键字	估算广告排名	广告客户竞争程度	大致搜索量：12 月	大致平均搜索量
宜家 家具（做链接）	2	0	60 500	60 500
智能化	2	0	60 500	60 500
家居 设计	2	0.33	49 500	49 500
智能 交通	5	0	40 500	40 500
家居 时尚	2	0	33 100	27 100
智能卡	5	1	33 100	49 500
生活 家居	2	0	33 100	33 100
门禁 系统	5	0.26	27 100	27 100
智能 建筑	2	0.26	22 200	22 200
创意 家居	5	0	18 100	18 100
楼宇 对讲	5	0	18 100	18 100
可视 对讲	5	0	18 100	18 100
智能　网络	2	0	12 100	9900
停车场 系统	5	0	12 100	9900
智能 设备	9	0	9900	8100
加盟 家居	2	0	8100	8100
智能 产品	5	0	8100	5400
智能 小区	5	0.33	8100	8100
电力 仪表	2	0	6600	5400
智能 家庭	2	0	5400	4400
杂志 家居	2	0	4400	5400

Keyword	WT Count	Google	Yahoo	MSN	Overall Daily Estimates
smart home	67	83	24	10	118
smart homes	20	25	7	3	35
shipping container smart homes	16	20	5	2	28
china smart home automation system	7	8	2	1	12
ge smart home(链接)	7	8	2	1	12
home smart	7	8	2	1	12
smart home technology atlanta ga	7	8	2	1	12
devices for a smart home	6	7	2	0	10
china smart home system	5	6	1	0	8
china x10 smart home system（链接）	5	6	1	0	8
example of smart homes	5	6	1	0	8
smart home and technology	5	6	1	0	8
china smart home automation server	4	5	1	0	7
inside the smart home	4	5	1	0	7
living smart homes	4	5	1	0	7
smart car home page	4	5	1	0	7
smart home design	4	5	1	0	7
smart home devices	4	5	1	0	7
smart home technology control user	4	5	1	0	7
bruce williams - smart money - renting	3	3	1	0	5
does home smart do plumbing work	3	3	1	0	5

通过对搜索结果的综合分析比较，我方初步确定了对该公司网站的关键词，建议如下。

选择主要关键词包括：

<u>智能家居+系统、智能家居+产品、智能家居+控制。</u>

选择其他待参考关键词包括：

<u>家居+设计、智能家居、楼宇对讲、可视对讲、智能+设备、智能+产品、智能+家庭、</u>
<u>家庭背景音乐。</u>

添加网站链接：

<u>宜家家居。</u>

为了与客户进行更好的沟通交流，我们在与客户就网站关键词的讨论中提供了以下内容。

中文网站中可突出的关键词包括：

<u>智能小区、远程监控、家居智能、家庭自动化、监控、视频监控、家庭背景音乐、可</u>
<u>视对讲。</u>

智能家居搭配出现的词语包括：

<u>别墅、系统、产品、公司、专业、控制、设备、楼宇、设计。</u>

添加链接：

<u>宜家家居。</u>

英文中可突出的关键词包括：

automation，control，smart home programme，smarthome，smart homes，home smart

"smart home"搭配出现的词语包括：

　china，devices，technology，design，devices，server

通过以上的案例分析，我们可以总结出关键词建议的相关原则：

（1）应该与网站主题高度相关，有行业针对性；

（2）关键词要精准，但适用范围不能太窄；

（3）了解用户习惯，可以借助一些调查、数据统计和一些关键词发掘工具来帮助选择和分析关键词；

（4）尽量选择搜索量多而竞争度小的关键词。

信息架构与设计实现

1. 纸质原型设计

经过一系列探讨分析，项目组成员对该网站绘制出具体的信息框架结构，确定各部分模块的内容。于是项目组就开始着手制作纸质原型，并逐步迭代。在可用性测试中，纸质原型因其可操作性强，发挥了重要的作用。

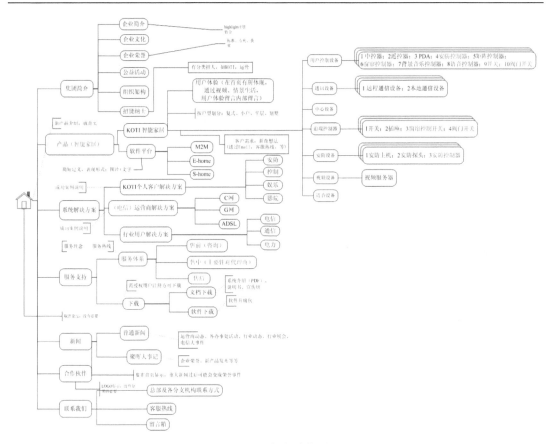

公司网站框架结构图

　　在确定网站信息架构的基础上，我们可以先把网页各部分元素以卡片或纸条的形式表现出来，运用卡片和纸条的一大好处是便于修改和重建，且操作灵活。

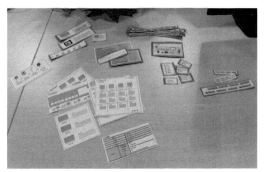

　　我们可以对卡片和纸条进行适度的分类，方便接下来的原型设计，提高效率。

在前期规划准备充分、合理的前提下，我们就可以着手纸质原型的实践操作了。

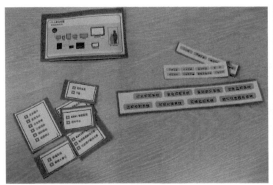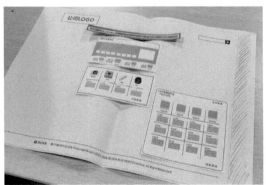

在纸质原型设计中，项目组成员着重讨论了各部分元素在网站页面中的布局位置——如何才能最符合用户的使用习惯？如何才能使网站信息展示得最全面、合理？

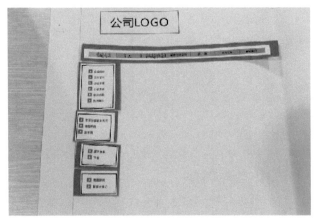

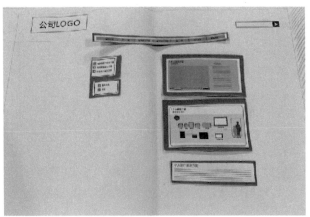

项目组成员在纸质原型设计过程中利用卡片和纸条在背板上的组合排列将自己脑海里的设计方案表达出来，使别人易于理解；同组成员也可以对该方案表达自己的想法、意见，甚至推翻其方案；通过对已有方案的不断推翻整合，最终形成一致认可的该网页最合理的布局方式。

纸质原型应该是可以快速构建、轻松修改的，不需要做得过于精致，它的抛弃成本低往往是它的一大优势所在。

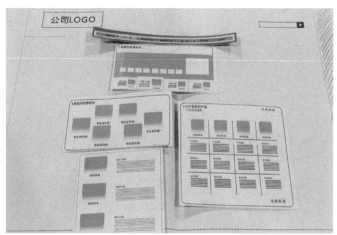

由于纸质原型并不方便保存下来，在纸质原型的每次定型之际，我们可以将它拍摄下来以便保存和回看。项目组成员把拍摄下来的照片在电脑里经过一定加工、重做，得出样板图片并打印出来，对于同一页面的多张纸质原型样板，我们可以对它们进行重新审视，并选出最符合用户习惯和设计规范的一张。

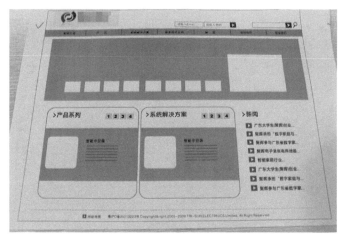

当完成了纸质原型的设计之后，我们就可以邀请真实用户来进行可用性测试了。

值得注意的是：

纸质原型并不是产品本身，也不能够让被测者感受到产品最终带来的情感冲击，它只是将信息框架和页面布局以可视化的形式展现出来，方便检阅全局问题，也方便被测者提供自己的真实观点和反馈。

2. 线框原型

通过制作纸质原型，项目组成员已经大致明确了该网站的功能模块布局。

在进行线框图的设计时，我们需要对纸质原型的结果进行审阅、反思和详细参考。

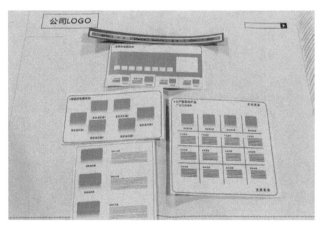

在此阶段，我们要重点描述出内容与逻辑之间的关系。

线框原型有多种表现手法，可以采用手绘、图形设计软件以及其他原型制作软件，如Axure RP、mockups 等。

手绘原型是最简单、直接的方法，可以快速表现产品轮廓。

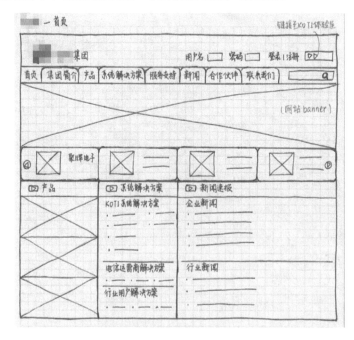

手绘原型在初期验证页面布局安排构想时十分高效，可以将功能需求以线框结构的方式展现出来，且易于修改、重建。

在纸面上演练、验证我们的构思想法后，我们还可以利用原型设计软件来更好地表现产品的功能需求和交互需求，制作交互原型。

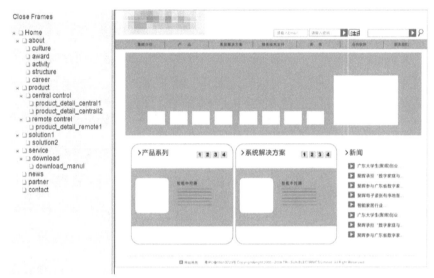

上图是利用 Axure RP 软件制作的线框原型，可以实现点击功能按钮和页面跳转的效果，使我们清晰、直观地了解产品效果。

线框原型设计技巧：

- 确定具体的导航架构

在线框原型中，全局导航、次级导航以及局部导航之间的关系应该在模拟使用流程中得到充分的体现，将导航结构形象化表现出来，即能保证整个用户流程充分到位。

- 注重细节

在线框原型制作过程中，我们要注重对功能细节的详细描绘，不能只使用一个方块来代替一个组件，要描绘出所有相关的元素，包括功能按钮和文字注释甚至标题的长度范围。细节越到位，线框原型的展示效果就越全面、越符合真实用户的使用效果。

我们可以利用线框原型来模拟用户在网站浏览过程中，为了达成使用目标可能执行的所有步骤，因此线框原型是进行早期可用性测试的有效方法，方便尽早发现和解决网站功能架构方面的设计缺陷。

3. 站点地图

站点地图一般根据该网站信息框架构建。

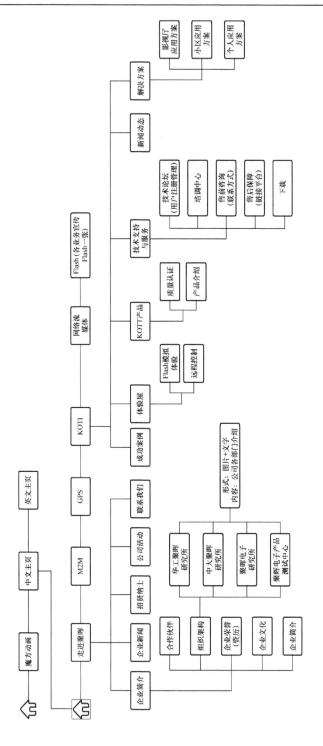

公司网站结构初稿

首页

关于我们

> 企业概况　　　> 企业文化　　　> KOTI品牌　　　> 企业荣誉
> 科研实力　　　> 战略合作　　　> 社会责任

智能家居产品

智能家居系统	智慧社区系统	智能酒店系统	智能交通系统
> 智能开关	> 数字室内机		> 停车场系统
> 智能插座	> 数字单元门口机		> 人行通道闸设备
> 无线遥控器	> 数字围墙机		> 门禁系统
> 控制软件	> 数字别墅小门口机		> 停车场车位引导系统
> 智能家居网关	> 数字管理机		
> 安防监控系统			
> 电动窗帘系统			
> 系统配套产品			

智慧城市系统

新闻

> 公司动态　　　> 行业资讯　　　> 活动中心　　　> 加盟快讯

方案与案例

解决方案	应用案例	别墅智能化工程
> 区域型智能解决方案	> 区域型智能应用案例	> 项目推介-东莞
> 全宅智能系统解决方案	> 全宅智能系统应用案例	> 项目推介-广州
> 专业影院系统解决方案	> 专业影院系统应用案例	
> 智慧社区系统解决方案	> 智慧社区系统应用案例	
> 智慧城市系统解决方案	> 智慧城市系统应用案例	

智能家居加盟

> 公司优势　　　> 智能家居体验馆　> 支持与保证　　> 加盟条件
> 合作模式　　　> 加盟流程　　　> 加盟申请　　　> 公司手册下载

服务与技术支持

产品知识	智能家居视频	下载专区	FAQ问答
产品服务政策	在线维修申请		

联系合作

> 工作机会　　　> 应聘流程　　　> 招聘岗位　　　> 在线留言

公司网站站点地图

对于小型网站，站点地图可以罗列网站的所有信息。值得注意的是，对于大型网站，如果网站页面数量太庞大，站点地图并不一定需要罗列所有页面的链接，因为站点地图包含太多链接不便于用户浏览，造成不好的用户体验。有时我们需要从中挑选出重要的页面显示在站点地图上。

站点地图通常出现在每个页面的底部，它帮助用户在内容页和搜索引擎之间跳转，寻找所需的信息。

| 首页 | 关于我们 | 智能家居产品 | 新闻 | 方案与案例 | 智能家居加盟 | 服务与技术支持 | 联系合作 | KOTI 商城 |

商用解决方案　|　隐私政策　|　服务条款　|　会员政策　|　站点地图　|　重要声明　|　网站反馈　技术支持：三今网络

公司网站的站点地图出现在其页脚

随着网站信息架构和页面内容的调整、修改，站点地图也需要经常更新。维护站点地图的方法有两种，自动更新，有一个程序手动更新。

4．界面风格设定

对于公司网站的界面风格的设定，项目组成员遵循以下步骤。

➤　参考同类型网站

在进行界面风格设定前，我们可以先参考同类型的产品网站，重点参考它们的网页风格、色调、字体、行距、边框类型等，分析其优劣之处，吸取经验。建议选择同类型的优秀且受众群体较大的网站进行参考。

同时，也可对搜集到的界面风格相似的优秀网站先进行类比归纳，总结出该类网站的界面风格特点。

此类网站界面风格特点：
1. 界面风格整体以简洁为主，简约的设计减轻了用户的视觉负担
2. 网页以蓝白色调为主，偏冷色调
3. 留白空间较多
4. 功能模块布局较规整

通过对同类优秀网站界面风格特点的分析比较，可以归纳出相关结论，作为我们设定界面风格时的参考准则。

> 要对网站用户群体有针对性

对于界面风格的设定，还需要从用户角度出发，对网站的目标用户群体有针对性。该公司是一家专注于研究智慧生活领域产品服务、以智慧生活产品的研发及运营服务为主业的大型高科技公司，其网站用户群体应以高收入家庭以及装修工程承包商为主。针对此类目标用户群体，项目组在界面风格的设定上给出了相关性和针对性较高的建议。

> 与客户进行充分的沟通交流

在界面风格设定这一问题上，与客户（需求方）的合作讨论也是必不可少的，在很大程度上，客户的需求就代表了用户的意愿。我们可以就前期得出的界面风格建议对客户进行详细的讲解，同时听取他们的意见反馈，在双方交流讨论的基础上形成共识。

讨论结果要以要点形式记录下来，在交流过后，项目组成员可以就讨论结果开始界面风格的设计，由美术设计师做出相应的风格效果图。

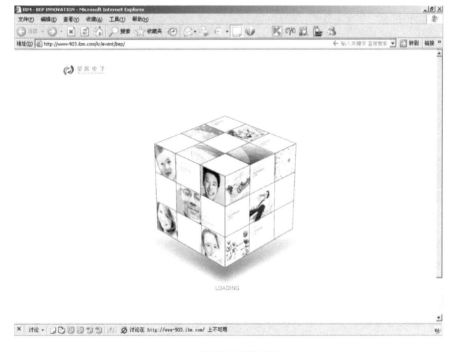

例：首页动画效果图

对于初步拟好的效果图，项目组应该通知客户浏览审阅，再次讨论该界面风格设定是否符合客户需求并补充修改意见。

只有经过以上步骤才能最终确定界面风格的设定。

值得注意的是：网站的界面风格并非是一成不变的，在后期的优化阶段有可能会进行相应修改甚至推翻原有的设定，随着客户方的需求变化，网站的界面风格也应有所调整、变化。

设计评估与用户测试——可用性测试

测试对象：公司网站纸质原型。

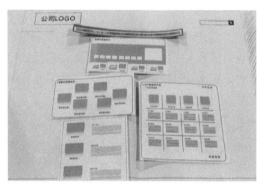

在可用性测试开始之前，必须先明确测试目的。

进行可用性测试是为了探讨用户与产品或产品原型在交互测试过程中的相互影响，从而对现有的角色场景和原型进行修改和完善。通过多次测试，项目组成员可以发现用户在使用过程中的需求，从而提出修改意见，最终帮助优化该产品或产品原型。

可用性测试流程

1．测试准备

（1）确定测试实施人员。

　　　测试实施人员须在测试过程中照看好测试用户，管理测试场景。

（2）确定测试观察人员。

　　　项目组成员都必须观察、聆听被试者的行为、评论、反馈，并做好笔记。

（3）确定测试用户类型。

本次可用性测试用户确定为房地产商、系统集成商、高收入人群、政府官员四类。

（4）确定测试计划。

测试计划最重要的是描述本次可用性测试的目的以及如何来完成，设置好场景任务供用户测试时使用（用浅显的语言描述测试中角色要完成的典型任务，以便于观察、记录用户在特定的情境和目的下应用产品的运行状况）。

（例）用户角色场景

目标用户：系统集成商。

任务描述：找到适合自己承接项目的系统和产品，以及是否有新产品符合自己客户提出的新要求。

提醒：在开始可用性测试之前，可以先进行一次预测试。找一个新手用户（与测试用户背景相似为佳），先进行一次测试，可以帮助我们预计一个正式的可用性测试需要多长时间，以及发现计划测试时没有考虑到的问题和情况。

2．招募用户

可以通过发送邮件或者电话联系的方式告知被测者此次可用性测试的主题、测试地点、测试时间的长短、报酬等，须确保能如期招募到满足计划的人数并符合目标用户特征的用户群。

邀请函模板

你好，
　　我们是方铭工作室的项目成员。为了做出用户体验更好的产品，我们诚挚邀请你参与到项目中来，为我们提供最宝贵的意见。以下是这次用户体验测试的相关信息：

【项目介绍】

【体验方法】

【体验时间】暂定X年X月X日

【体验地点】

【体验报酬】

3．测试

（1）先向被测者介绍本次可用性测试具体内容和相关事项，告诉用户要做什么，尽量使用通俗易懂的日常用语，避免专业术语。

（2）把写有角色任务的卡片交给相应的用户，请他/她完成。

注意事项：在测试进行过程中，测试实施和观察人员须尽量减少与用户的交流，避免诱导与过多解释，保证被测者独立完成被测任务。要随时记录遇到的问题及产生的假设。

记录文档须包含以下内容：

① 用户类型；

② 用户角色任务；

③ 具体操作流程，可详细描述每一操作步骤；

④ 完成该任务的时间；

⑤ 发生错误的个数及描述，要特别注意界面误导用户的次数及操作路径；

⑥ 在错误上耗费的时间。

（3）询问用户总结性的描述。

用户在完成测试后，项目组成员须主动询问被测者对产品（公司网站模型）的印象；他们在哪些地方会感到困惑；有哪些可以使产品更容易使用的建议；在测试过程中是否还有其他关于操作或界面的问题。项目组成员可以先让被测者浏览一遍在观察测试过程中产生的记录文档，询问被测者文档中有无缺漏或不准确的地方，以便修改。

4. 对测试结果进行整理与分析

项目组成员对在测试过程收集的数据进行整理与统计分析，包括用户完成每个测试的平均时间、出错次数等，需要结合数据来分析问题。

在收集和整理好所有测试相关的资料后，项目组成员就可以开始着手撰写可用性测试报告。测试报告应对整个测试过程有详细完整的描述，包括用到的测试方法、测试细节和结果分析。同时还应指出用户在测试过程中遇到问题的地方，加以描述和建议。

根据可用性测试得到的结论分析，可以对产品的设计进行相应的修改和完善，使之更符合用户需求，能提供更好的用户体验。

可用性测试是一个在设计流程中反复使用的步骤，在每个阶段都发挥着重要的作用。在各个阶段（如分别针对低保真原型、高保真原型）中，可用性测试的动机和目的都会有相应的变化，这是一个反复迭代的过程，直到测试中没有更多的优化意见，即产品已经足够完善。

系统开发与运营跟踪

在此阶段之前，项目组成员已经搭建好公司网站的信息架构。搭建信息架构的流程可以分为两个阶段：①项目组成员通过结合每个类型用户的场景分析的结果，得到最初的网站信息架构；②进行内部成员的卡片分类和公司高层的卡片分类测试，对内容和功能上进行多次调整，得出最终的信息架构。

在产出网站信息架构的基础上，项目组成员进行了原型设计和原型测试；网站的开发设计便是以最终版的原型为基础。

在这一阶段，项目组成员需要分析网站的主要用例，设计搭建网站的数据库，然后分模块设计网站，开发网站。

分析主要用例需要依靠前期的需求收集和分析。

需求收集和分析是一个十分庞大的过程，先要确定目标用户群体并进行用户特征描述，然后针对每种用户设计详细访谈问卷，收集用户需求信息。通过对访谈总结进行分析，可以得到对应的用例和顺序图。

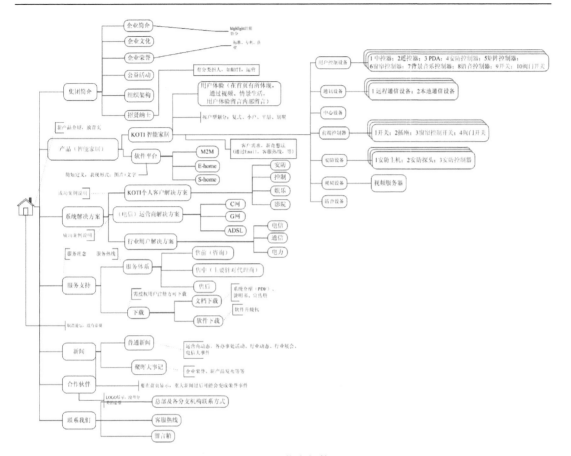

公司网站信息架构

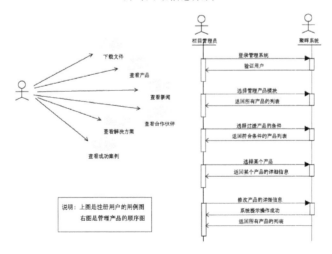

在此阶段，项目组成员结合信息架构对原来的用例和顺序图进行适当的修改，使用例更切合使用习惯。

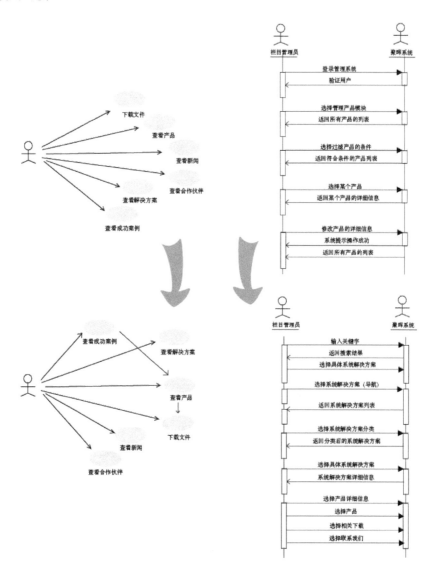

用例和顺序的修改

同时，我们可以根据用户需求获取的结果（访谈总结和场景分析结果）得到初步的领域模型。

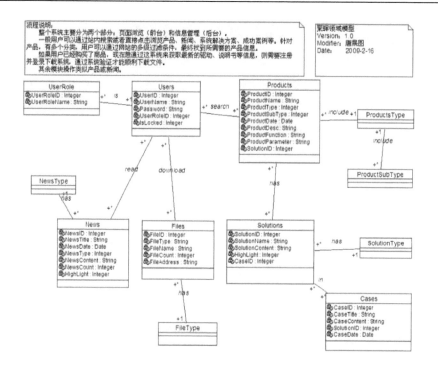

公司领域模型

在有了用例文档、顺序图和领域模型之后，就可以开始着手搭建系统的架构了。

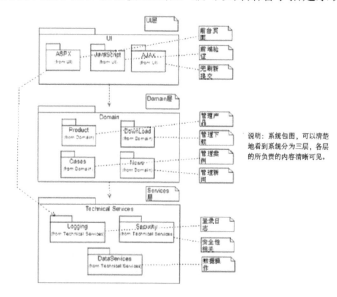

为了储存和管理大量信息，需要设计建立一个数据库。

1) tb_User 用户

	列名	数据类型	长度	允许空
🔑	UserID	int	4	
	LoginID	varchar	50	
	UserName	varchar	50	✓
	Password	varchar	25	
	UserRoleID	int	4	
	Sex	char	1	✓
	Phone	varchar	100	✓
	Email	varchar	100	✓
	Address	varchar	200	✓
	IsDeleted	char	1	✓
	RegDate	datetime	8	

- UserID：用户编号，自增序列
- LoginID：登陆时使用的用户名
- UserName：用户个人信息中的姓名
- Password：登陆密码
- UserRoleID：用户角色 ID
- Sex：用户性别
- Phone：用户联系电话
- Email：用户邮箱
- Address：用户住址

2) tb_UserRole 用户角色权限

	列名	数据类型	长度	允许空
🔑	RoleID	int	4	
	RoleName	varchar	50	

- RoleID：用户角色 ID（1=系统管理员；2=普通会员）
- RoleName：用户角色名称

3) tb_News 新闻

	列名	数据类型	长度	允许空
🔑	NewsID	int	4	
	NewsTypeID	int	4	
	NewsDate	datetime	8	
	NewsTitle	varchar	50	
	NewsContent	text	16	✓
	NewsKeyword	varchar	50	✓
	NewsViews	int	4	✓

- NewsID：新闻编号，自增序列
- NewsTypeID：新闻类型 ID
- NewsDate：新闻发布时间
- NewsTitile：新闻标题
- NewsContent：新闻内容（含图片）
- NewsKeyword：新闻关键字（供搜索使用）
- NewsViews：新闻浏览次数（供管理员查看）

4) tb_NewsType 新闻类型

	列名	数据类型	长度	允许空
🔑	TypeID	int	4	
	TypeName	varchar	50	✓

- TypeID：新闻类型编号（1=聚辉大事，2=普通新闻）
- TypeName：新闻名称

5) tb_DLoad   下载

列名	数据类型	长度	允许空
🔑 DLoadID	int	4	
DLoadTypeID	int	4	
DLoadAddress	varchar	50	
DLoadName	varchar	50	
DLoadNumber	int	4	✓
UpLoadDate	datetime	8	

- DLoadID：下载的附件编号（上传时自动增加）
- DLoadTypeID：下载的附件类型 ID
- DLoadAddress：下载的附件的链接地址
- DLoadName：下载的附件名称
- DLoadNumber：附件的下载次数
- UpLoadDate：附件上传时的时间

6) tb_DLoadType   下载分类

列名	数据类型	长度	允许空
🔑 TypeID	int	4	
TypeName	varchar	50	✓

- TypeID：下载的附件类型编号（1＝产品说明书，2＝产品手册，3＝软件驱动，4＝系统）
- TypeName：附件类型名称

接下来，可以分模块设计网站，实现系统各模块功能，这需要综合调度各方面内容和开发工具。开发人员必须从多方面考虑、多角度分析，从细节做起，共同协作才能实现前端模块化开发的目的。

名称	架构	创建时间
📁 系统表		
tb_Case	dbo	2009-3-2
tb_Company	dbo	2009-2-10
tb_CompanyType	dbo	2009-2-10
tb_Cooperation	dbo	2009-2-22
tb_CooperationType	dbo	2009-2-4
tb_DLoad	dbo	2009-2-17
tb_DLoadSubType	dbo	2009-2-6
tb_DLoadType	dbo	2009-2-6
tb_News	dbo	2009-2-20
tb_NewsType	dbo	2009-1-17
tb_ProductType	dbo	2009-1-9
tb_SHEquipmentType	dbo	2009-2-9
tb_SHProduct	dbo	2009-2-21
tb_SHProductType	dbo	2009-2-9
tb_Solution	dbo	2009-2-4
tb_SolutionType	dbo	2009-1-9
tb_Style	dbo	2009-2-9
tb_User	dbo	2009-1-18
tb_UserRole	dbo	2009-1-8
tb_UserTest	dbo	2009-2-22

PC-20080926I6I9\数据库\juhui\表

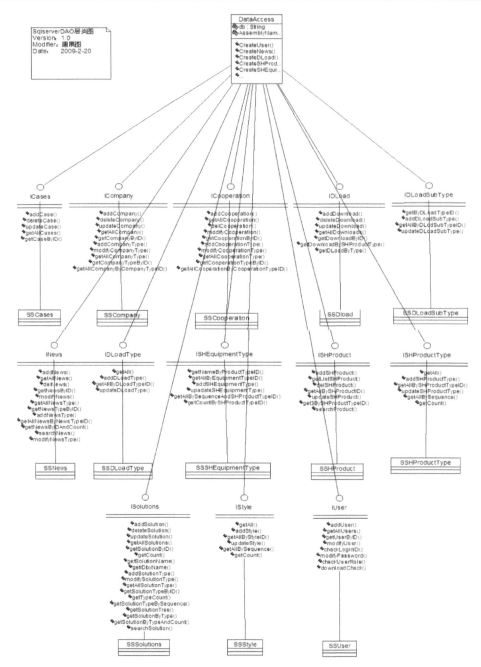

注：前端模块化开发是指在 Web 上以模块为基本单位划分与组织信息，将网页的内容分开，形成若干个相对独立的模块。

对于开发出来的网站，需要进行最后的调试并交付成品。

配置项目	具体配置
测试服务器	1. IP Address - 192.168.1.101 2. OS - Windows XP Professional SP2 3. APP Server - IIS 4. DB Server - SQL Server 2000 5. .NET Framework - .Net 2.0
发布服务器	1. IP Address - 121.14.3.82 2. OS - Linux 3. APP Server - IIS 4. DB Server - SQL Server 2000 5. .NET Framework - .Net 2.0
开发语言	ASP.NET (C#)、Html、Javascript
开发工具	1. Microsoft Visual Studio 2005 2. Microsoft SQL Server 3. Photoshop CS3 4. Dreamweaver CS3
版本控制	1. Microsoft Visual SourceSafe(VSS) 2. Subversion(SVN)
网站地址	http://www.ihsys.cn

系统具体安装和调试环境，该公司网站成果展示如下。

网站开发实用技巧总结（针对公司网站）如下。

① 考虑工程项目规模、编码文档管理和工程时间问题，推荐前端解决方案：xhtml+css（分模块管理）+prototype（使用 json 数据交换）。

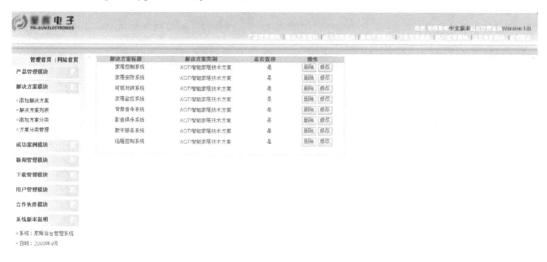

② 每种动态技术都有与之"最佳搭配"的数据库，考虑目前网站的页面需求和数据需求（网页小容量文本图像视频数据+论坛数据），推荐使用 PHP+MySQL 的黄金组合，当然，如果开发人员资源充足的话可以考虑采用.net+Sql Server 来提高开发效率。

参 考 文 献

[1] 李世国.体验与挑战——产品交互设计[M]. 南京：江苏美术出版社，2007.

[2] （美）库伯，瑞宁，克洛林著，刘松涛等译.About Face3 交互设计精髓[M].北京：电子工业出版社，2012.

[3] （美）Donald A. Norman 著，梅琼译.设计心理学[M]. 北京：中信出版社，2003.

[4] （美)Donald A. Norman 著，付秋芳，程进三译.情感化设计[M]. 北京：电子工业出版社，2005.

[5] 李乐山著.人机界面设计[M]. 北京：科学出版社，2004.

[6] （美)Alan Cooper 著，Chris Ding 译.交互设计之路[M]. 北京：电子工业出版社，2006.

[7] 胡飞编著. 聚焦用户：UCD 观念与实务[M]. 北京：中国建筑工业出版社，2009.

[8] 董建明等编著. 人机交互：以用户为中心的设计和评估[M]. 北京：清华大学出版社，2003.

[9] （美）Steven Heim 著，李学庆等译. 和谐界面——交互设计基础[M]. 北京：电子工业出版社，2008.

[10] （美）Jennifer Preece， Yvonne Rogers， Helen Sharp 著，刘晓晖，张景等译. 交互设计——超越人机交互[M]. 北京：电子工业出版社，2003.

[11] （美）巴克斯顿著，黄峰等译.用户体验草图设计：正确地设计，设计得正确[M]. 北京：电子工业出版社， 2012.

[12] （美）洛克伍德编，李翠荣等译. 设计思维:整合创新、用户体验与品牌价值[M]. 北京：电子工业出版社，2012

[13] （美）Suzanne Ginsburg 著，师蓉，樊旺斌译. iPhone 应用用户体验设计实战与案例[M]. 北京：机械工业出版社，2011.

[14] （瑞士）亚历山大•奥斯特瓦德，伊夫•皮尼厄著，王帅，毛心宇，严威译. 商业模式新生代[M]. 北京：机械工业出版社，2012.

[15] 余芳艳. 民族志意义上的课堂观察研究[J]. 浙江师范大学，2011.

[16] 周用雷，李宏汀，王笃明. 电子游戏用户体验评价方法综述[J]. 人类工效学，2014.02.

[17] 岑丽芳. 老年慢性病人的看病流程研究与设计[J]. 中山大学，2013.

[18] 梁甜诗. 基于微信社交平台的餐饮互动服务研究[J]. 中山大学，2014.

[19] 孙伊洁. 面向交互电视平台的多设备协同视频服务系统设计[J]. 中山大学，2013.

[20] 庞瑜. 休闲运动的移动社交行为研究与设计[J]. 中山大学，2014.

[21] 牛昊天. 基于知识搜索行为研究的问答类网站设计[J]. 中山大学，2013.

[22] 覃明予. 基于生态圈分析的马拉松移动服务应用设计[J]. 中山大学，2014.

[23] 罗惠敏. Integrating Activity Theory for Context Analysis on Large Display[J]. 中山大学，2010.